Auguste Blanqui
Die Ewigkeit durch die Gestirne

Aus dem Französischen
von Daniel Zumbühl

Originaltitel: Auguste Blanqui
L'Éternité par les astres

1. Auflage | bahoe books | Wien 2017
ISBN 978-3-903022-51-5

Gedruckt auf Munken Lynx 100g

Auguste Blanqui

Die Ewigkeit durch die Gestirne

Mit einem Vorwort
von Jaques Ranciére

bahoe books

Inhalt

Vorwort

«Die Gestirne selbst, die man meinem Glauben zufolge selten, nicht ohne beträchtliche Gründe meditativer Schwerkraft […] bemühen soll, ich blättere und erfahre, sie sind von der Partie»[1]. Diese ironischen Zeilen von Mallarmé zielen auf ein im Theater Eden aufgeführtes Ballett ab. Dem Choreographen genau wie dem Dichter sollten solche astralen Höhenflüge hingegen selbstverständlich sein. Das gleiche gilt nicht, wenn jener, welche die Gestirne stört, ein revolutionärer Anführer ist. Eine Entschuldigung ist natürlich sofort zur Hand: Dieser Beruf enthält in der Regel ziemliche viele Momente erzwungener Freizeit, die zum Träumen einladen. Und tatsächlich ist es im *Fort du Taureau,* in der Einsamkeit eines von seinem Blick entzogenen, Wasser umgebenen Gefängnisses, wo Blanqui 1871 *Die Einsamkeit durch die Gestirne* verfasst.

Die Erklärung durch die Umstände ist jedoch etwas verkürzt, auch wenn der Text von Polizei und Kerker, von Trennung und Einsamkeit spricht. Denn seine 37 Jahre im Gefängnis haben Blanqui nie dazu gebracht, die Stille der Betrachtung den Risiken und Unruhen der Aktion vorzuziehen. Im *Fort du Taureau* vergisst er jenen Prozess nicht, welcher ihn in Paris erwartet: für seine Rolle in der Demonstration vom 31. Oktober 1870, doch noch viel mehr als Sühne für diese Pariser Kommune, bezüglich welcher er allerdings sehr wohl «unschuldig» ist, schliesslich war er schon eingesperrt, als der Aufstand

1 Stéphane Mallarmé, «Ballette» (1886) in: *Kritische Schriften*, Gerlingen, Lambert Schneider, 1998, S. 169.

begonnen hat. Mit dem Manuskript von *Die Ewigkeit durch die Gestirne* hat er übrigens seiner Schwester jenes von *Kapital und Arbeit* anvertraut. In diesem Text bestätigt sich die Radikalität seines kommunistischen Engagements. Es ist daher notwendig, dass die Gestirne mehr sind als nur eine Ablenkung für den Gefangenen, der gezwungen ist, nach oben zu blicken. Fügen wir an, dass er sich die Kenntnisse über die Streitigkeiten bezüglich dem Wesen der Sterne, die Entdeckungen der Spektrometrie oder die Hypothesen bezüglich der Abkühlung der Sonne nicht durch die Betrachtung der Sterne hat aneignen können. Es brauchte sehr wohl einige «beträchtliche Gründe meditativer Schwerkraft», um ihn zu veranlassen, die Gestirne ins Spiel zu bringen. Eine klare Analogie verbindet freilich die Bedingung des Gefangenen in seinem Käfig mit jener des Erdbewohners, der von Myriaden anderer Sternsysteme getrennt ist, und die Situation des eingesperrten Revolutionärs mit jener der Kometen, die von der «Polizei» der Erdanziehung bezwungen werden. Wie könnte man die Zärtlichkeit des Autors für diese «flehende[n] Gefangene[n], die seit Jahrhunderten an die Schranken unserer Atmosphäre gekettet sind», während er sie für wissenschaftlich vernachlässigbar erklärt, sonst begreifen? Doch während der Eingesperrte mit diesen wunderlichen Kreaturen sympathisiert, welche sein Schicksal teilen, sucht der Denker auf der anderen Seite, auf jener der «Polizei» der Anziehung, die wesentliche Verbindung der astronomischen mit der politischen und sozialen Frage.

Diese Aufteilung der Aspekte wird nur jene überraschen, welche einer grob vereinfachenden Vorstellung des 19. Jahrhunderts anhängen. Dieses sei das Zeitalter des blinden Glaubens in den Fortschritt der Wissenschaft und in die Tugenden der Bildung gewesen, welches die himmlischen Hoffnungen durch die Kenntnis und die Eroberung der einzig irdischen Wirklichkeiten ersetzt hat. Und die Revolutionäre seien natürlich die ersten gewesen, welche diese einfache «Säkularisierung» der Vorsehung bewerkstelligt haben, indem sie von der Naturwissenschaft auf die Geschichtswissenschaft und von der Geschichtswissenschaft auf den Gang der Menschheit in Richtung einer leuchtenden Zukunft geschlossen haben. Andere haben freilich genau das Gegenteil behauptet. Das dumme Jahrhundert habe gemäss ihnen, beginnend mit der Zeit Swedenborgs bis zu jener Helena Blavatskys, nie damit aufgehört, sich in okkultistischen und Geister beschwörenden Träumereien und Mystifizierungen zu suhlen. Es erfordert einen etwas dialektischeren Geist, um jenes Verhältnis zu verstehen, welches der Revolutionär zwischen dem vergeblichen Glanz der Kometen und der unumgänglichen Anziehung setzt. Die Verdrehung liegt faktisch weiter zurück. Sie war schon da, als der alte Begriff der Revolution, der gleichbedeutend mit dem regulären Gang der Himmelskörper war, neuerdings hingegen den gewalttätigen Umsturz der die irdischen Angelegenheiten regelnden Ordnung bedeutet hat. Seither haben die Geister nie damit aufgehört, die Klingen zu kreuzen, auf verschiedene Art und Weisen die Lektionen der Wissenschaft mit den Ursachen der Ordnung oder der Revolution, die Anforderungen des Handelns mit dem Gang der Geschichte und die Eroberung des Diesseits mit den Versprechen des Jenseits zu vermischen oder sie ihnen entgegenzusetzen.

Es geht allen voran darum, zu wissen, für wen die Wissenschaft Zeugin ist und weshalb. Und selbstverständlich ist die Astronomie diesbezüglich exemplarisch. Sie ist jene Wissenschaft, welche die fühlbare Erfahrung spürbar von sich selbst entfernt. Doch diese Trennung kann auf zwei verschiedene Arten verstanden werden. Sie ist jene Kenntnis, welche den Himmel seines religiösen Schleiers entledigt und dem Aberglauben jenes Ansehen raubt, welches er in den Dienst der bestehenden Ordnung stellte. Doch sie ist hingegen auch die Kenntnis über die unveränderliche Ordnung, welche die vergebliche Vermessenheit der Menschen dementiert, die Ordnung der Dinge ändern zu wollen. Und selbstverständlich verstärkt jene Anziehung die Ambivalenz, welche den Revolutionen der Gestirne die gleichen Gesetze wie dem Fall von Objekten auf unsere Erde gibt. Könnte die Ordnung des Himmels nur zum Preis der Verstärkung der Unveränderlichkeit der sublunarischen Ereignisse ihrer Andersartigkeit entledigt werden? Das Schicksal von Laplace, dem Autoren vom *Himmelssystem*, dem Diener des Ancien Régime, der Revolution, des Kaiserreiches und der Restauration, scheint diesen Einklang zwischen der Regelmässigkeit der Planeten und einer die vorbeikommenden Meteoren besiegenden politischen Ordnung der Dinge zu allegorisieren.

Stützt die Wissenschaft also wie die opportunistischen Gelehrten einzig und allein den Fortbestand der Ordnung ihrer Dinge? Die Betrachtung der himmlischen Mechanik kann einem allerdings zum umgekehrten Schluss bringen. Wenn die menschliche Ordnung anfällig ist für katastrophale Unruhen, so bedeutet das, dass sie nicht ein Abbild der Ordnung der Planeten ist. Ihr willkürlicher Charakter verkennt die Lektionen, welche letztere uns erteilt. Die Revolutionen sind willkürlich, weil es die von ihr umgestürzten Herrschaften ebenfalls sind. Das wahre Ende der revolutionären «Krise» ist nicht gleichbedeutend mit der Wiedereinführung einer konstitutionellen oder absoluten Monarchie. Es kann in keiner Art von politischem Regime gefunden werden, sondern nur in der Organisation der Gesellschaft gemäss den Gesetzen des Himmels.

Das ist in seinen Hauptzügen der Gedankengang jener, welche man Utopisten nennt. Doch diese Utopie kann sehr entgegengesetzten Wegen folgen, je nachdem, auf welche Art und Weise sie die Begriffe Anziehung und Schwerkraft versteht. Die erste Art und Weise versucht, den Begriff der Anziehung selbst in der menschlichen Ordnung wiederzugeben.

Nur einige Jahre nach der Veröffentlichung vom *Himmelssystem* schreibt Charles Fourier *Theorie der universellen Einheit*, welche das grosse subversive Laster jeglicher gesellschaftlichen Ordnung anprangert. Er negiert die Gesetze der Anziehung. Er will sich den natürlichen Bewegungen widersetzen, welche gewisse menschliche Wesen hin zu gewissen Wesen und Aufgaben führt, die andere hingegen verabscheuen. Er will im Gegensatz zur Mechanik der Leidenschaften stehen, welche jedoch analog zur geordneten Bewegung der Himmelskörper ist. Die bestehende Ordnung der Gesellschaft ist also durch sich selbst subversiv. Im Gegensatz dazu wird die harmonische Gesellschaft dafür sorgen, dass sich die Schicksale proportional zur Anziehung verhalten. Doch die kosmische Ordnung stellt nicht nur das Modell für die gesellschaftliche Organisation. Sie ist auch im eigentlichen Sinn ihre Zukunft, eine Zukunft, die bei Fourier 810 innerweltliche und 810 ausserweltliche Existenzen zählt, sich jedoch auch von Planet zu Planet und von Universum zu Universum fortsetzt. Denn das ist ein wesentlicher Punkt: Was auch immer die hastigen Theoretiker der «Säkularisierung» behaupten mögen, die Denker der radikalen Veränderung hüten sich davor, die religiösen Heilsversprechen auf den historischen Fortschritt zu transferieren.

Wie es Miguel Abensour und Valentin Pelosse, die als erste das Büchlein Blanquis ausgegraben haben, schlüssig gezeigt haben, verhält es sich eher umgekehrt: Sie erkennen dem Fortschritt keine andere Bühne als die Unendlichkeit an[2]. Nur die Vielzahl von Existenzen in der Unendlichkeit von Raum und Zeit ist auf der Höhe der Anforderungen des Fortschreitens der Körper und Seelen, der Individuen und Gemeinschaften. Es ist nicht nur die ausgemachte Harmonie der Himmelskörper, die von den Sozialreformern zur Nachahmung vorgeschlagen wird. Es sind der Aufenthalt und die Geschichte des Himmels, die als Laufbahn des menschlichen Fortschritts gesetzt werden. Der Himmel ist nicht mehr das Paradies, welches das Gute und das Böse vergütet. Er ist nicht mehr, wird Jean Reynaud sagen, eine Bleibe, sondern ein Weg, wo sich ein im kurzen Lauf der Leben und Gesellschaften behinderter Fortschritt fortsetzt, wo sich die individuellen Seelen bis zu einem Punkt hin perfektionieren, wo sie sich in der grossen Weltseele auflösen können[3]. Der Sitz der kollektiven Menschheit befindet sich in der Unendlichkeit des Universums. Die «grosse Geschichte der Himmelsräume», wird Flammarion sagen, ist «die wahre Universalgeschichte»[4].

Damit sich die Gesetze der himmlischen Harmonie in eine auf die Artikulation der Leidenschaften basierende gesellschaftliche Ordnung verwandeln können, muss also die himmlische Perspektive jenseits der unserem Planetensystem bekannten

2 Miguel Abensour, Valentin Pelosse, «Libérer l'Enfermé» *in*: Auguste Blanqui, *Instruction pour une prise d'armes. L'Éternité par les astres, hypothèse astronomique et autres textes*, Paris, Société encyclopédique française/Édition de la Tête de Feuilles, 1972.

3 Siehe Jean Reynaud, *Terre et ciel*, Paris, 1855, S. 275.

4 Camille Flammarion, *Himmelskunde für das Volk*, Neuenburg, F. Zahn, 1907 (1884), S. 654.

Gesetze ausgeweitet werden. Diese von Fourier proklamierte Ausweitung ist auch die Perspektive von Blanquis Gedankengang. Doch zwischen den beiden wurde er von einer anderen Art von Utopisten heftig zurückgedrängt: einer jener, welche die gesellschaftliche Ordnung nicht auf der mimetischen Beziehung der menschlichen Leidenschaften zu den Himmelsbewegungen, sondern auf der Übertragung der Macht des wissenschaftlichen Gesetzes auf die geistige, die Gesellschaft regierende Macht gründen wollen. Das ist der Standpunkt von Auguste Comte, jener Utopist, welcher eine neue Religion gegründet hat, die alsbald zur Inspiration der vernünftigen Republik wird. Er kann folgendermassen zusammengefasst werden: Alles, was über das Sonnensystem hinausgeht, wird in die Finsternis des Unerkennbaren gedrängt. Der aktuelle Zustand des Planetensystems, so wie er einzig und allein durch die mathematischen Gesetze der Himmelsmechanik erklärt werden kann, wird als Ende der Evolution deklariert. Das bedeutet auch: Man kennt von den Gestirnen und ihren Bewegungen nur das von der Geometrie unterrichtete Ordnungsmodell, jegliche Betrachtung bezüglich ihrer chemischen Natur und ihrer Abhängigkeit von anderen Gesetzen, wie von jenen bezüglich der Verwandlung von Wärme in mechanische Energie, werden ausgeklammert.

Blanquis Standpunkt ist klar: Der Positivismus ist allen voran die Religion, welche die Wissenschaft in den Dienst der herrschenden Ordnung stellt. Die gemässigten Schüler Comtes, jene, welche die Republik von Jules Ferry inspirieren werden, versuchen vergeblich, die ursprüngliche Theorie des Erfinders der Soziologie von seinen theokratischen Irrungen in den 1850er und 1860er Jahren zu trennen. Der grosse Priester der Hierarchie, der seine Dienste den Despoten zur Verfügung stellt, und der Professor der Astronomievorlesungen für das Volk der 1830er und 1840er Jahre sind ein und dieselbe Person[5]. Um das Bündnis der Wissenschaft mit der Ordnung sowohl in der Astronomie als auch in der Politik zu kontern, muss das doppelte Comtsche Verbot zerschlagen werden. Das unendliche Universum, welches von der engstirnigen Vision des «System des Universums» in einen der hierarchischen Ordnung ähnelnden Kosmos eingesperrt worden ist, muss wieder geöffnet werden. Man muss die Betrachtung des Universums den Rätseln der Sternenordnung und den unvollendeten Abenteuern seiner Geschichte zurückgeben. Im gegenteiligen Sinn muss man diese Ordnung auf die Gesetze der Materie beziehen, so wie sich letztere zuerst in der chemischen Zusammensetzung der Himmelskörper zeigen. Somit wird das Weltsystem der «geistigen Macht» den ordnungsliebenden Hierarchen entgleiten. Der grosse Materialismus wird es wieder haben: Jener des epikureischen Atomregens und jener des stoizistischen regenerierenden Feuers werden die moderne Bühne des unendlichen Universums sein.

Das ist möglich, weil die Gelehrten selbst in den Jahren der Ordnung, die auf die Repression gegen die Revolutionen 1848 folgten, die Grundlage für eine neue Astronomie geschaffen und den Gestirnen und den Sternsystemen ihr Schicksal zurückgegeben haben, der Geburt und dem Tod unterworfen zu sein. Es handelt sich einerseits um die Fortschritte der Spektralanalyse, wofür die Arbeiten von Kirchhoff, Huggins und Pater Secchi Beispiele sind. Die Analyse der Scheitel der Gestirnspektren

5 Siehe hierzu die Fragmente im Anhang von M. Abensour, V. Pelosse, *op. cit.*

hat es erlaubt, die sie formenden einfachen Körper aufzuzählen. Die Gestirne können nunmehr der chemischen Wissenschaft über die Elemente und der mit ihr einhergehenden, jenseits von jeglicher mathematischen Ordnung liegenden Gleichheit nicht mehr entfliehen. Sie werden dem Gesetz der Anzahl, welches über die einfachen Körper und ihren Kombinationen regiert, – das ist die Grundlage von Blanquis Gedankengang – nicht mehr entfliehen können. Es handelt sich andererseits um die Entwicklung der Folgen des zweiten Prinzips von Carnot, welches die Gleichheit der Himmelsbewegung mit sich selbst mit den Bedingungen der Verwandlung von Wärme in Bewegung verbindet. William Thomson erwähnte schon 1852 die Folge der Tendenz zum Wärmeverlust: «Vor einem endlichen Zeitintervall in der Vergangenheit muss die Erde unbewohnbar gewesen sein und nach einem endlichen Zeitintervall in der Zukunft wird sie das für den Menschen, so wie er gegenwärtig konstituiert ist, erneut sein.»[6] Die grosse Angst vor der Aufzehrung der Wärme und der Erkaltung der Sonne werden schon bald den schopenhauerschen Pessimismus stützen. Die himmlischen Revolutionen garantieren die Stabilität der natürlichen Ordnungen nicht mehr. Doch sie können die Zukunft einer Menschheit noch weniger garantieren, die sich als Ende der Evolution und souveräne Herrscherin über das Universum betrachtet. Die Einheit der Zusammensetzung und die Unendlichkeit der Gesamtheit müssen sich mit der Geschichte eines Universums verbinden, das der Sterblichkeit unterworfen ist.

6 William Thomson, «On a Universal Tendency in Nature to the Dissipation of Mechanical Energy», zitiert von Jacques Merleau-Ponty, *La Science de l'univers à l'âge du positivisme*, Paris, Vrin, 1983, S. 235.

Es gibt kein eindeutiges Gesetz des Fortschritts. Der Kommunismus als «Zukunft der Gesellschaft» stützt sich jedoch sehr wohl auf die aufklärende Wissenschaft. Bezüglich der Kraft letzterer ist Blanqui nicht minder kategorisch als die Positivisten. Der Kommunismus ist gleichbedeutend mit der Gleichheit der Menschen, die sich das Wissen über den Himmel teilen. «Stellt euch vor», sagt der Revolutionär, «alle Soldaten würden sich in einer schönen Nacht in Gelehrte verwandeln. Ich stelle mir vor, dass der Eintritt der Offiziere in die Kaserne am nächsten Morgen ein pittoreskes Spektakel bieten würde, und dass sie mindestens im Laufschritt abziehen würden. Oder habt einen noch schöneren Traum: die 38 Millionen Franzosen analog zu diesen Soldaten verwandelt wie von Zauberhand. In 24 Stunden gäbe es von der Regierung keine Spur mehr und nach einem Monat würde die Gemeinschaft vollständig funktionieren.»[7] Doch diese Gleichheit, die von keiner Zauberhand verwirklicht werden könnte, stützt sich nicht auf eine Teleologie der Natur und der Geschichte: «Zwischen dem, was ist, und dem, was sein will, besteht eine derart aussergewöhnliche Entfernung, dass das Denken sie nicht überwinden kann.»[8] So merkwürdig das für einige auch scheinen mag, der Glaube an die Belehrung und der Glaube an den Fortschritt sind zwei absolut verschiedene Dinge. Das Licht bewegt sich eben genau nicht langsamen und triumphierenden Schrittes fort wie die teleologische Geschichte. Es ist schnell und kann jederzeit erlöschen.

7 Louis-Auguste Blanqui, «Le communisme avenir de la société» in: *Critique sociale*, Paris, 1885, Bd. 1, S. 178.

8 Ebd., S. 211.

Man sollte also nicht denken, dass die Entdeckungen der Wissenschaft der 1850er und 1860er Jahre die schon beträchtlich entmutigten Revolutionäre noch weiter entmutigt hätten. Dass es keinen Königsweg zum Fortschritt gibt, das war schon der Schluss, welche die scharfsinnigsten unter ihnen aus 1848 gezogen haben. Das Debakel der Revolutionen von 1848 ist eben genau das: Das *politische* Debakel des Fortschritts, das Debakel einer Weltsicht, innerhalb welcher die Herrschaft der republikanischen Augenscheinlichkeit des Gesetzes des Fortschritts Platz machen würde, genau wie der Schatten dem Licht Platz macht. Das Debakel einer Idee im weiteren Sinne, gemäss welcher die Geschichte eine Richtung hätte, von welcher die soziale Gerechtigkeit und die politische Gleichheit Teil wären. Die einheitliche Sicht der Geschichte ist eben genau jene der Reaktionäre. War es nicht genau sie, argumentiert Blanqui, welche in den 1830er Jahren einen Teil des republikanischen und sozialistischen Denkens dazu gebracht hat, den Katholizismus zu den grossen progressiven Entwicklungskräften der menschlichen *Einheit* zu zählen? Auguste Comte hat auf seine Art und Weise recht: Fortschritt ist gleichbedeutend mit Ordnung. Die Ursache der Unordnung – und wird die Gleichheit je etwas anderes sein als eine höhere Form der Unordnung? – ist nun mit der Diskontinuität der Zeiten und der Vielzahl von Räumen verbunden.

Die Sache ist somit klar: Die Geschichte macht nichts durch sich selbst, auch nicht die Entwicklung der Aufklärung, solange die Macht der herrschenden Kaste ihr nicht durch Gewalt entrissen worden ist und die Bedingungen nicht garantieren, dass sie sie nie mehr erlangen kann. Man muss anfügen, dass der von den Gleichen betrachtete Himmel überhaupt kein faules Argument vorbringen kann. So weit sie den Himmel auch studieren mögen, sie werden nie irgendwelche Vorsehung oder Evolution entdecken, welche ihre Schritte in Richtung Zukunft tragen wird. Sie werden freilich wissen, dass der Himmel den Gesetzen der Gleichheit gehorcht und dass er in ihnen die Ressourcen findet, um dem Tod zu entfliehen. Doch sie werden auch wissen, dass dieser Kampf des Lebens gegen den Tod eine Tragödie ohne Anfang und ohne Ende ist, die jene, welche ihn zum Modell nehmen, zu einem unbestimmt wiederholten Kampf verdammt, wo es nur eine Gewissheit gibt: dass der Weg nicht irgendwo in ein glückliches Ende mündet.

Es gibt also überhaupt keine Garantie der Wissenschaft, dank welcher der Revolutionär sich davon erholen könnte, sondern dafür sorgt im Gegenteil die Gliederung ihrer Themen. Hinter der Polizei der Anziehung steht die Einheit der Zusammensetzung des Universums. Hinter der Einheit der Zusammensetzung die Einheit der Elemente, aus welchen sie besteht. «[D]as Universum ist nur ein Ensemble an gewissermassen durch Fleisch und Blut vereinigten Familien. Die gleiche Materie, gemäss der gleichen Methode und der gleichen Ordnung klassifiziert und organisiert. Gleiche Grundlage und Regierung.» Die Ordnung des Universums ist im eigentlichen Sinne des Begriffs anarchisch. Die Sonne ist aus den gleichen Materien gemacht, wie jene, welche Bestandteil der Zusammensetzung der Planeten sind. Genau wie sie hängt sie von der Synthese und der Analyse der Elemente ab. Und die Zeit wird kommen, wo sich das Königreich der Flammen in der finsteren und kalten Herrschaft der wässrigen Dämpfe versenken wird. Einzig die erste daraus zu ziehende Schlussfolgerung ist befriedigender für das wissenschaftliche Prinzip der Gleichheit als für eine Perspektive einer egalitären Zukunft der Menschheit: Die Erde wird zusammen mit ihrer Sonne in die ewige Nacht eintreten.

Das Atomgesetz, welches die «geometrische Proportion» der Gestirne der chemischen Gleichheit unterwirft, ist also Träger eines Todesurteils. Da die Materie weder um ein Atom anwachsen, noch schrumpfen kann, wie soll die durch die Bewegung verlorene Wärme ersetzt werden? Es ist dafür notwendig, dass die Anziehung eine andere Rolle spielt als jene der Bewahrerin der ewigen Ordnung der Dinge. Die Lösung Blanquis ist einfach und bedeutend. Die erlöschten Gestirne können sich nur durch den Zusammenstoss neuer Funken neu entzünden. Und die einzige Kraft, welche fähig ist, diesen Zusammenstoss herbeizuführen, ist die Anziehung, welche die einen mit den anderen zusammenstossen lässt. «Deshalb vollendet sich die Erneuerung der Welten durch den Zusammenstoss und die Verflüchtigung der dahingeschiedenen Sterne während jeder Minute in den Feldern der Unendlichkeit.» Die Anziehung ist «die grosse befruchtende Kraft, die unerschöpfliche Kraft, die von keiner Verschwendungssucht aufgebraucht werden kann, denn sie ist die gemeinsame und permanente Eigenschaft der Körper. Sie ist es, welche die ganze Himmelsmechanik in Bewegung setzt, und die Welten in endlose Reisereien schleudert. Sie ist reich genug, um der Wiederbelebung der Gestirne die Bewegung zu liefern, welche der Zusammenstoss in Wärme verwandelt».

Einzig und allein dadurch tritt die Natur für die Revolutionäre in den Zeugenstand. Alle Sonnen wären ohne den auferweckenden Zusammenstoss zum Tode verurteilt, die erhaltende Kraft erweist sich als revolutionäre Kraft, die ohne Ende neue Sonnen und neue Sternsysteme erzeugt. Die vereinigten Kräfte des Kapitals, der Geistlichkeit und des Staates werden hingegen die Herrschaft der Finsternis und des Todes über die Gesellschaft verstärken, falls die Menschen nicht jene Rolle der Kraft spielen, welche das Licht und das Leben neu belebt. Es ist der Mut jener, welche sich der Nacht der Repression verweigern. Es ist die Intelligenz jener, welche sich nicht damit begnügen, «eingeschlossen» hinter den Barrikaden auf den Moment zu warten, wo sie «als Kämpfer sterben» können, sondern sich eifrig ohne eine Minute abzuwarten damit beschäftigen, jene Waffen zu erfinden, welche dem Mut zum Sieg verhelfen. Die Ratschläge für eine rastlose Tätigkeit, welche den Aufständischen in *Instruktionen für den Aufstand* gegeben werden, sind Teil der gleichen Rationalität, welche die astronomische Hypothese der «auferweckenden Zusammenstösse» nährt.

Diese Aufgabe ist also ohne Ende. Nicht dass das Leben der Gesellschaften selbst durch das Gesetz der Anziehung dazu gezwungen wäre, sich stets um eine herrschende Sonne zu drehen. Keine schicksalhafte Ordnung der Dinge zwingt die gleichen Menschen dazu, die schwarzen Waffen des Kapitals, des Staates und der Religion, nachdem sie sie vernichtet haben, erneut hervorzubringen. Keine verhängnisvolle Dialektik der Übergangsformen beschränkt die Kraft der Revolutionen. Nur die Tatsache, dass sie auf einer Erde stattfinden, die selbst Teil der grossen kosmischen Notwendigkeit ist.

Diese grosse Notwendigkeit beschränkt sich nicht auf den Tod und die Wiederauferstehung der Sterne. Es ist die unendliche Wiederholung der gleichen Szene. Diese Wiederholung kann aus der Gliederung der Themen hergeleitet werden, zwischen dem Gesetz der Atomzusammensetzung und der Bühne der Unendlichkeit. Auch hier ist Blanquis Argument simpel. Da die Anzahl der einfachen Körper endlich ist, ist es jene ihrer Kombinationen, so gross sie auch sein mag, ebenfalls. Aber es muss eine Unendlichkeit in der Unendlichkeit der Zeiten bevölkert werden. Schlussfolgerung: Alle ursprünglichen Kombinationen sind aufgebraucht. Das Leben kann nur weitergehen, indem es sich nicht nur der gleichen Rohmaterien bedient, sondern auch der gleichen Kombinationen, der gleichen Typen. Das Universum ist ad infinitum von Kopien dieser Originale bevölkert. Es ist von Doppelgängererden bevölkert, welche Trägerinnen von uns genau gleichenden Doppelgängern sind, waren und sein werden. Wir waren, sind und werden bis in alle Ewigkeit aus Milliarden von identischen Kopien auf Erden bestehen, die wir nie kennen werden.

Es ist offensichtlich hier, wo die These Blanquis am ehesten Fragen aufwirft. Die Form des Arguments selbst bringt sie notwendigerweise hervor. Die Theorie des «auferweckenden Zusammenstosses» findet zumindest ihre Bürgschaften in den vorhergehenden und nachfolgenden wissenschaftlichen Theorien. Buffon hatte sie schon vorgebracht, Arrhenius wird sie schon bald neu formulieren. Das Argument der endlichen Anzahl der möglichen Kombinationen ist hingegen eher rhetorisch denn wissenschaftlich. Blanquis Widersacher werden sofort erwidern, dass sich die Anzahl der materiellen Zustände nicht auf die Anzahl der möglichen Kombinationen der einfachen Körper beschränkt. Die Kraft der These liegt also gänzlich in ihrer Allegorie des menschlichen Handelns, seines Rahmens und seiner Ziele. In Tat und Wahrheit ist es hierin, wo sich Blanqui am radikalsten von den Utopisten seines Jahrhunderts unterscheidet. Die anderen Beobachter der Gestirne und der gesellschaftlichen Missstände, von Charles Fourier bis zum Lyoner Anwalt Pezzani, dem unermüdlichen Kämpfer für die Vielzahl bewohnter Welten, oder vom ehemaligen saint-simonistischen Ingenieur Jean Reynaud, dessen Werk *Terre et ciel* in den 1850er und 1860er Jahren mehrmals neu aufgelegt wurde, bis zum Berufsastronomen Camille Flammarion, sie alle haben aus der Unendlichkeit der Zeit und des Raums den Rahmen eines unendlichen Fortschritts gemacht. Sie haben jenen der Erde in den Himmel und jenen der Geschichte der Menschheit in die Geschichte der Welten umgesiedelt. Doch sie haben in eben diesem Rahmen die Verbindung zwischen dem infinitischen Thema und der Idee einer Perfektionierung als kontinuierliche Himmelfahrt der Wesen aufrechterhalten. Genau diese Verbindung bricht Blanqui abrupt. Jene Ewigkeit, im Rahmen welcher der Revolutionär sein Handeln situiert, verspricht überhaupt keine unendliche Perfektionierung der individuellen Seelen und der kollektiven Menschheit. Sie verspricht nur die unendliche Vervielfachung der immer gleichen materiellen Zusammensetzungen, welche eine Vielzahl von Doppelgängern hervorbringen, die stets und überall mit den gleichen Situationen konfrontiert sind.

Ist es auf den ersten Blick nicht, was der Revolutionär und im allgemeinen der Mann der Tat am meisten hassen sollte: die unendliche Wiederholung des Gleichen? Es ist noch verkraftbar, die Sicht des *Ekklesiastes* zu radikalisieren, indem nach vielen anderen festgestellt wird, dass die «riesigsten Bemühungen» der Menschen auf der Ebene des Universums einen «Maulwurfshügel» nicht aufrühren und somit die Verbrechen und das Unheil, welche sie sich gegenseitig zufügen, zur einzigen Konsequenz haben. Doch wie soll man es verstehen, dass die Komödie dieser Eitelkeit ununterbrochen und milliardenfach neu aufgeführt wird? Im Gegensatz zu den aufeinanderfolgenden Existenzen, wovon das Jahrhundert geträumt hat, tragen diese mehrfach wiederholten Aufführungen keinen Fortschritt, keine Lehre in sich. Es besteht keine Hoffnung, dass die Milliarden von Blanquis, die aus den gleichen

Elementen zusammengesetzt sind, aus der Geschichte ihrer Doppelgänger, die in Welten ohne Kommunikation leben, auch nur die geringste Lehre ziehen. «In der gegenwärtigen Minute habe ich in allen Ländern des Himmels eine Menge an Doppelgängern, deren Geduld im *Fort du Taureau* auf die Probe gestellt wird und die wie ich an ihre eingesperrten Doppelgänger denken. Wir sind uns einig, dass es zu spät ist, uns ein positives Gutachten auszustellen, aber auch, dass es durchaus töricht ist, dass wir uns es nicht rechtzeitig selbst haben geben können, was für alle gereicht hätte. ‹Hilf dir selbst, so hilft dir Gott.› Jene, welche seit dem Nichtbeginn der Welt gestorben sind, haben die gleiche Überlegung angestellt, und von jetzt bis zum Nichtende der Welt werden Milliarden andere, die zu jung oder nicht geboren sind, ihrerseits das gleiche tun, was beweist, dass sie alle im *Fort du Taureau* vorbeigekommen sind oder vorbeikommen werden, sie sind zusammen mit Asseln und Spinnen in einem Bunker eingesperrt, wobei diese Zimmergenossen unter ihnen ebenfalls Doppelgänger sind.»

Die Frage ist also nicht, ob man mit einer derart traurigen Gewissheit noch handeln kann. Denn was gewiss ist, ist eben genau die Unmöglichkeit, immer gleich zu handeln. Doch diese «traurige Gewissheit» allein des immer neu zu beginnenden Handelns mit den stets gleichen Risiken befreit uns von der viel schlimmeren Knechtschaft des Glaubens an die historische Notwendigkeit. Die entscheidende Handlung ist somit, die Wiederholung gegen sich selbst zu wenden. Kurioserweise wird zehn Jahre später jener Denker, der scheinbar am weitesten von Blanquis kommunistischen und aufständischen Anliegen entfernt ist, die gleiche Überlegung anstellen, nämlich Friedrich Nietzsche. Er sieht in der Voraussetzung eines ausgeglichenen Zustandes ebenfalls die grösste Bedrohung, auch wenn er diesen Zustand anders interpretiert. Das Gleichgewicht hat für Blanqui das Gesicht der kapitalistischen und staatlichen Ordnung, welcher die positivistische Astronomie ihren Rückhalt gibt. Nietzsche bringt es hingegen mit der Herrschaft des letzten Menschen in Verbindung, welchem er die Züge des durch die Wissenschaftsgläubigkeit genährten sozialistischen Ideals gibt. Doch die Anmerkungen von 1881, welche die Grundlagen der ewigen Rückkehr verdeutlicht, stellen das Problem in den gleichen Begriffen wie Blanqui dar: Wiederholung oder Tod; ewige Wiederbelebung des Sonnenspiels oder die grosse Kälte, die vom Leben Besitz ergreift. Die Hypothese der Wiederholung erscheint also für jene, welche sich jeglicher Vorsehung verweigern, als einzige Alternative zum tödlichen Gleichgewicht. «Die Welt der Kräfte erleidet keine Verminderung: denn sonst wäre sie in der unendlichen Zeit schwach geworden und zu Grunde gegangen. Die Welt der Kräfte erleidet keinen Stillstand: denn sonst wäre er erreicht worden, und die Uhr des Daseins stünde still. Die Welt der Kräfte kommt also nie in ein Gleichgewicht, sie hat nie einen Augenblick der Ruhe, ihre Kraft und ihre Bewegung sind gleich groß für jede Zeit. Welchen Zustand diese Welt auch nur erreichen kann, sie muß ihn erreicht haben und nicht einmal, sondern unzählige Male. So diesen Augenblick: er war schon einmal da und viele Male und wird ebenso wiederkehren, alle Kräfte genau so vertheilt, wie jetzt [...]»[9]

Bei Nietzsche wie bei Blanqui zählt das wissenschaftliche Argument weniger, als das, was er inszenieren will: die Halbierung

9 Friedrich Nietzsche, *Nachgelassene Fragmente* in: Werke, 5. Abt., Bd. 2, Berlin/New York, Walter de Gruyter, 1973, S. 396.

innerhalb der Wiederholung selbst. Die Wiederholung zieht keine Resignation nach sich. Im Gegenteil, sie zerlegt sich in zwei Teile und diese Teilung führt dazu, dass jedes Mal eine Wiederholung neu gegen eine andere antritt. Denn jene gegenüber werden immer wieder zurückkommen, sich selbst gleichend, und immer die gleichen Situationen neu erschaffen. «Ewig kehrt er wieder, der Mensch, dess du müde bist, der kleine Mensch.»[10] In Anbetracht der ewigen Rückkehr der Mittelmässigkeit (Nietzsche) oder der Unterdrückung (Blanqui), braucht es bei jeder Rückkehr Würfel, um erneut auf einen auferweckenden Zusammenstoss zu vertrauen. Denn es können sich eben genau nur jene der Mittelmässigkeit oder der Unterdrückung stellen, welche wissen – d.h. jene, welche es als Axiom setzen – dass die gleiche Situation immer wieder neu aufgeführt wird und dass man jedes Mal so handeln muss, als entscheide man für alle Male.

Zwischen Nietzsche und Blanqui ist es allerdings letzterer, der für diese Entscheidung die radikalsten Bedingungen festlegt. Er vervielfacht nicht nur die Wiederholung auf eine Unendlichkeit nebeneinander existierender Welten, während ersterer sie auf aufeinanderfolgende Welten beschränkt. Er schliesst ebenfalls aus, dass dieses Wissen je die Grundlage für eine neue Art des Menschen oder den Übermenschen sein kann. Er schliesst deswegen nicht jegliche Möglichkeit auf Hoffnung aus. Die Tatsache, dass die Situationen immer und immer wieder mit den gleichen Rollen aufgeführt werden, bedeutet nicht, dass die Ausgänge immer die gleichen sind und sein werden.

10 Friedrich Nietzsche, *Also sprach Zarathustra* in: Werke, 6. Abt., Bd. 1, Berlin, Walter de Gruyter, 1968, S. 270.

Die Hoffnung auf den Fortschritt ist versperrt. Es bleibt jene auf die Abzweigungen. Jegliches ähnliches Zusammentreffen kann verschieden enden. Nicht dass die Milliarden von anderen Blanquis nie Lehren aus ihrer Erfahrung ziehen würden: «Ich hoffe, dass mehr als ein besser informierter Doppelgänger die Geistesgegenwart gehabt haben wird, nach rechts oder links abzubiegen und sein Schicksal von jenem der ungeschickten zu trennen. Ich hoffe es und habe starke Zweifel daran. Solche Variationen würden den Gesetzen der Physiologie zutiefst widersprechen.» Nur der Zufall kann also «zwei Doppelgänger zu zwei verschiedenen Wegen hinführen». Diese unvorhergesehene Neigung der Atome, welche die Person Blanquis bilden, kann auf zwei verschiedene Arten verstanden werden. Ein anderer Blanqui wird vielleicht durch die zufällige Verkettung der Umstände zu einem harmlosen Bürger werden. Doch ein noch anderer Blanqui wird hingegen vielleicht erleben, wie der Aufstand zu seinen Gunsten enden wird. Das bedeutet nicht, dass man nichts tun sollte, während man auf den Akt des Zufalls wartet. Wahrscheinlich wird nur er es eines Tages dem Aufstand erlauben, erfolgreich zu sein. Überhaupt kein Plan des Willens wird niemals die Notwendigkeit hinfällig machen, sich auf das Würfeln zu verlassen. Doch umgekehrt wird der Zufall nur jenen Aufständen einen glücklichen Ausgang vergönnen, welche von intelligenten und mutigen Menschen minutiös vorbereitet worden und in allen Details ausgeführt worden sind, indem *nichts dem Zufall überlassen worden ist*. Nichts, ausser seine unmittelbare Gunst des Schicksals: die glückliche Abzweigung.

Bei jedem Mal muss also der Zufall sowohl in Abrede gestellt als auch bekräftigt werden. Zu diesem Preis wird vielleicht einer der Milliarden von Blanquis den Schein einer Welt freier Menschen sehen. Vielleicht hat ihn einer von ihnen schon auf einem dieser Planeten gesehen, von welchen wir nie irgendeine Neuigkeit erfahren werden. Das ändert auf der Ebene der Unendlichkeit der Zeit und des Raumes natürlich nichts. Wer immer es auf sich nimmt, sein Leben in den Gefängnissen der Macht zu verbringen, um sich vom Gefängnis der Unterwerfung zu befreien, weiss auch, dass die Erde, wo sich das Ganze abspielt, selbst nur ein Gehege ist, das von allen anderen Erden getrennt und dazu verdammt ist, wie alle anderen erinnerungslos zu verschwinden. Wenn er das alles weiss, kann er sich vernünftigerweise der Hoffnung hingeben und das Unmögliche versuchen. Das ist die unglaubliche Botschaft des Eingesperrten, die es in der Eintönigkeit einer die Notwendigkeit bewundernden Gegenwart erneut zu hören gilt. Welcher Revolutionär des Denkens oder der Tat hat je eine derart grosse Diskrepanz zwischen den «objektiven Bedingungen» der Tat und dem Mut seines Unternehmens skizziert? Man versteht, dass die Nachwelt es bevorzugt hat, das beruhigende Bild eines unverbesserlichen Verschwörers zu wahren, der die Gesetze der Geschichte unglücklicherweise nicht kannte.

Jaques Ranciére

Die Ewigkeit durch die Gestirne

Astronomische Hypothese

I. Das Universum – Die Unendlichkeit

Das Universum ist unendlich in Raum und Zeit, ewig, grenzenlos und unteilbar. Alle Körper, die belebten und unbelebten, die festen, flüssigen und gasförmigen, sind durch jene Dinge selbst, welche sie trennen, miteinander verbunden. Alles hält sich gegenseitig fest. Würde man die Sterne beseitigen, es bliebe der wahrscheinlich absolut leere Raum, der jedoch nach wie vor aus drei Dimensionen bestünde, Länge, Breite und Tiefe, ein unteilbarer und unbegrenzter Raum.

Pascal hat in seiner sprachlichen Pracht gesagt: «Das Weltall ist ein Kreis, dessen Mittelpunkt überall, dessen Umfang nirgends ist.» Könnte es ein ergreifenderes Bild der Unendlichkeit geben? Halten wir mit ihm fest, indem wir noch präzisieren: Das Weltall ist eine Sphäre, deren Mittelpunkt überall, deren Oberfläche nirgends ist.

Hier liegt es also vor uns, es bietet sich der Beobachtung und dem Räsonnement an. Unzählige Gestirne glitzern in seinen Tiefen. Stellen wir uns vor, wir wären an einem dieser «Mittelpunkte der Sphäre», die überall sind und deren Oberfläche nirgends ist, und räumen wir einen Moment die Existenz dieser Oberfläche ein, die damit zur Grenze der Welt wird.

Wird diese Grenze fest, flüssig oder gasförmig sein? Was auch immer ihr Wesen sein mag, sie wird alsobald zur Verlängerung dessen, was sie eingrenzt oder einzugrenzen glaubt. Gehen wir davon aus, dass an diesem Punkt weder Masse, noch Flüssigkeit oder Gas existiert, nicht einmal der Äther. Nichts, nur der Raum, leer und dunkel. Dieser Raum hat nichtsdestominder drei Dimensionen und er wird notwendigerweise ein neues

Stück Raum der gleichen Natur als Grenze und somit als Verlängerung haben und dann noch eines, dann noch eines mehr, und immerfort weiter *ohne jegliche Bestimmung.*

Die Unendlichkeit kann sich uns nur in der Form der *Unbestimmtheit* präsentieren. Die eine führt zur anderen aufgrund der offensichtlichen Unmöglichkeit, eine Begrenzung des Raumes zu finden oder gar zu konzipieren. Das unendliche Universum ist freilich unbegreiflich, doch ein begrenztes Universum ist absurd. Diese absolute Gewissheit der Unendlichkeit der Welt, verbunden mit ihrer Unbegreiflichkeit, stellt eine der mühseligsten Neckereien dar, welche den menschlichen Geist plagen. Es existieren wahrscheinlich irgendwo in den wandernden Welten hinreichend klare Köpfe, um das Rätsel zu verstehen, welches unserem unzugänglich ist. Unser Neid muss sich damit abfinden.

Dieses Rätsel stellt sich gleichermassen für die Unendlichkeit sowohl im Raum, als auch in der Zeit. Die Ewigkeit der Welt überwältigt den Verstand noch heftiger als ihre Unermesslichkeit. Wenn man dem Universum keine Grenzen zugestehen kann, wie soll man dann den Gedanken seiner Nichtexistenz ertragen? Die Materie entstammt nicht dem Nichts. Sie wird sich nicht darin auflösen. Sie ist ewig, unvergänglich. Obwohl sie sich permanent verändert, kann sie weder um auch nur ein Atom schrumpfen, noch anwachsen.

Unendlich in der Zeit, weshalb wäre sie es nicht auch in ihrer Weite? Die beiden Unendlichkeiten sind untrennbar voneinander. Die eine setzt die andere voraus, alles andere wäre widersprüchlich und absurd. Die Wissenschaft hat noch kein Gesetz der Solidarität zwischen dem Raum und der ihn bewohnenden Welten entdeckt. Die Wärme, die Bewegung, das Licht, die Elektrizität sind für die gesamte Weite eine Notwendigkeit. Die sachkundigen Menschen denken, dass keiner dieser Teile von diesen grossen Lichtstätten getrennt verbleiben kann, durch welche die Welten leben. Unser Werk gründet vollständig auf dieser Ansicht, welche die Unendlichkeit des Raumes mit der Unendlichkeit der Welten bevölkert und nirgends einen Winkel Dunkelheit, Einsamkeit oder Bewegungslosigkeit übriglässt.

II. Die Unbestimmtheit

Ein Bild von der Unendlichkeit – wenn auch ein verschwommenes – kann man nur der Unbestimmtheit entlehnen, wobei dieses dermassen verschwommene Bild schon riesige Gestalten annimmt. 62 Ziffern, die eine Länge von etwa fünf Zentimetern bedecken, ergeben 20 Oktodezillionen Meilen, oder in gewöhnlicheren Begriffen, Milliarden von Milliarden von Milliarden von Milliarden von Milliarden mal den Weg von der Sonne zur Erde.

Man möge sich noch eine Zahlenreihe vorstellen, die von hier bis zur Sonne reicht, die also nicht mehr 15 Zentimeter, sondern 37 Millionen Meilen lang ist. Ist die von dieser Aufzählung umfasste Weite nicht beängstigend? Man nehme nun diese Weite selbst als Einheit für folgende neue Zahl: Die Zahlenreihe, aus welcher sie besteht, beginnt von der Erde und landet auf diesem Stern dort, dessen Licht mehr als 1.000 Jahre braucht, um bei uns anzukommen, indem es 75.000 Meilen pro Sekunde zurücklegt. Welche Distanz wäre das Ergebnis einer derartigen Rechnung, falls die Sprache Worte dafür und die notwendige Zeit zu ihrer Aussprache fände!

Man kann somit die *Unbestimmtheit* beliebig verlängern, ohne die Grenzen des Verstandes zu überschreiten, ja gar ohne in die Unendlichkeit einzutreten. Wenn auch jedes Wort einen Wink in Richtung der schauerlichsten Entfernung darstellen mag, so sprächen wir von Milliarden von Milliarden von Jahrhunderten mit einem Wort pro Sekunde, um letztendlich nur eine Belanglosigkeit auszudrücken, sobald es um die Unendlichkeit geht.

III. Fabelhafte Entfernungen der Sterne

Der Verlauf des Universums scheint in unseren Augen unermesslich. Es zeigt uns jedoch nur einen kleinen Winkel. Die Sonne ist einer der Sterne der Milchstrasse, diese grosse Sternkonstellation, welche die Hälfte des Himmels heimsucht, und nur aus losgelösten Gliedern besteht, die im Gewölbe der Nacht zerstreut sind. Jenseits davon machen einige nicht wahrnehmbare, ins Firmament gestochene Punkte auf die durch die Distanz halb ausgelöschten Gestirne aufmerksam und dort in den schon nachgebenden Tiefen erahnt das Teleskop Nebelflecken, kleine Anhäufungen weisslichen Staubs, ganz im Hintergrund stehende Milchstrassen.

Die Entfernung dieser Körper ist fabelhaft. Sie entzieht sich jeglichen Berechnungen der Astronomen, welche vergeblich versucht haben, Parallaxen zwischen einigen der hellsten zu finden: Sirius, Altair, Wega (der Leier). Ihre Ergebnisse sind unbeachtet geblieben und nach wie vor sehr fragwürdig. Es sind Annäherungen, oder es ist eher ein Minimum, das die nächsten Sterne jenseits von 7.000 Milliarden Meilen verwirft.

Jener, welcher am besten beobachtet ist, der 61. des Schwans, hat 23.000 Milliarden Meilen ergeben, 658.700 mal die Entfernung der Erde von der Sonne.

Das Licht, welches sich mit der Geschwindigkeit von 75.000 Meilen pro Sekunde fortbewegt, braucht nicht mehr als zehn Jahre und drei Monate zur Überwindung dieses Raumes. Die Reise im Zug mit zehn Meilen pro Stunde ohne eine Minute Wartezeit oder Verzögerung würde 250 Millionen Jahre dauern. Mit eben diesem Zug würde man in 400 Jahren zur Sonne fahren. Die Erde, welche jedes Jahr 233 Millionen Meilen zurücklegt, würde mehr als hunderttausend Jahre brauchen, um zum 61. des Schwans zu gelangen.

Die Sterne ähneln unserer Sonne. Man sagt von Sirius, er sei 150 mal grösser. Das ist möglich, aber kaum nachprüfbar. Ohne Beweis des Gegenteils muss man davon ausgehen, dass diese Lichtstätten in ihrer Masse enorm variieren. Doch der Vergleich ist ausserhalb unserer Reichweite und die Grössen- und Glanzunterschiede können für uns kaum mehr sein als Fragen der Entfernung oder eher Fragen des Zweifels. Denn ohne hinreichende Angaben ist jegliche Schätzung eine Verwegenheit.

IV. Die physische Beschaffenheit der Gestirne

Die Natur ist wundervoll in der Kunst, die Organismen ihrem Umfeld anzupassen, ohne je von einem allgemeinen Plan abzukommen, der all ihr Werk beherrscht. Mit einfachen Abänderungen vervielfacht sie ihre Typen bis hin zur Unmöglichkeit. Man hat – völlig zu Unrecht – in den Himmelskörpern gleichmässig phantastische Konstellationen und Wesen vorausgesetzt, ohne jegliche Analogie zu den Gästen unseres Planeten. Es besteht nicht der geringste Zweifel, dass Myriaden von Formen und Mechanismen existieren. Doch der Plan und das Material bleiben unveränderlich. Man kann ohne zu zögern behaupten, dass in den am weitesten entfernten Extremitäten des Universums die Nervenzentren die Grundlage jeglicher tierischen Existenz sind und die Elektrizität deren Hauptagens ist. Die anderen Apparate sind diesem untergeordnet, indem sie sich auf 1000 verschiedene Arten dem Umfeld anpassen. Es verhält sich freilich so in unserer Planetengruppe, die gewiss unzählige Reihen an verschiedenen Organisationen aufweist. Man braucht nicht einmal die Erde zu verlassen, um diese fast grenzenlose Verschiedenheit zu erfassen.

Wir haben unsere Welt immer als König der Planeten betrachtet, eine häufig gedemütigte Eitelkeit. Wir sind fast Eindringlinge in jener Gruppe, von welcher unser Geltungsdrang behauptet, sie würde unter seiner Vorherrschaft niederknien. Es ist die Dichte, welche über die physische Beschaffenheit eines Sterns entscheidet. Doch unsere Dichte ist nicht jene des Sonnensystems. Sie formt darin nur eine winzige Ausnahme, die uns fast ausserhalb der aus der Sonne und den grossen Planeten bestehenden wahrhaftigen Familie platziert. Im gesamten Tross machen Merkur, Venus, die Erde, Mars bezüglich Volumen 2 von 2.417 und 2 von 1.281.864 aus, wenn man die Sonne dazu zählt. Man könnte genauso gut von null sprechen!

In Anbetracht eines solchen Kontrastes stand das Feld noch vor nur einigen Jahren der Phantasie über die Struktur der Himmelskörper offen. Die einzige Tatsache, an welcher es kaum Zweifel gab, war, dass sie unserem überhaupt nicht ähneln. Wir täuschten uns. Die Spektralanalyse hat diesen Fehler zum

Verschwinden gebracht und zeigt, trotz derart verschiedenem Anschein, die Gleichheit in der Zusammensetzung des Universums. Die Formen sind unzählbar, die Elemente die gleichen. Wir kommen hier zur entscheidenden Frage, jene, welche alle anderen eindeutig dominiert und aufgrund welcher fast alle anderen obsolet werden; wir müssen sie also detailliert behandeln und vom Bekannten zum Unbekannten gehen.

Bis auf weiteres hat die Natur auf unserem Planeten 64 *einfache Körper* als einheitliche Elemente zur Verfügung, ihre Namen folgen weiter unten. Wir sagen «bis auf weiteres», denn die Anzahl dieser Körper betrug vor wenigen Jahren nur 53. Von Zeit zu Zeit verlängert sich die Liste durch die Entdeckung irgendeines Metalls, das mit viel Aufwand von der Chemie von seinen hartnäckigen Verbindungen in seiner Kombination mit dem Sauerstoff getrennt wird. Es ist wahrscheinlich, dass die heute 64 irgendwann 100 übersteigen werden. Doch die ernsthaften Akteure übersteigen kaum 25. Dem Rest bleibt bloss eine Nebenrolle. Man nennt sie *einfache Körper,* weil man sie bis anhin für irreduzibel hält. Wir ordnen sie ungefähr gemäss ihrer Wichtigkeit:

1. Wasserstoff.
2. Sauerstoff.
3. Stickstoff.
4. Kohlenstoff.
5. Phosphor.
6. Schwefel.
7. Calcium.
8. Silicium.
9. Kalium.
10. Natrium.
11. Aluminium.
12. Chlor.
13. Iod.
14. Eisen.
15. Magnesium.
16. Kupfer.
17. Silber.
18. Blei.
19. Merkur.
20. Antimon.
21. Barium.
22. Chrom.
23. Brom.
24. Wismut.
25. Zink.
26. Arsen.
27. Platin.
28. Zinn.
29. Gold.
30. Nickel.
31. Berrylium.
32. Fluor.
33. Mangan.
34. Zirkonium.
35. Cobalt.
36. Iridium.

37. Bor.	47. Tellur.	57. Thallium.
38. Strontium.	48. Wolfram.	58. Thorium.
39. Molybdän.	49. Uran.	59. Vanadium.
40. Palladium.	50. Tantal.	60. Yttrium.
41. Titan.	51. Lithium.	61. Caesium.
42. Cadmium.	52. Niob.	62. Ruthenium.
43. Selen.	53. Rhodium.	63. Erbium.
44. Osmium.	54. Didym.	64. Cer.
45. Rubidium.	55. Indium.	
46. Lanthan.	56. Terbium.	

Die vier ersten, Wasserstoff, Sauerstoff, Stickstoff, Kohlenstoff, sind die Hauptakteure der Natur. Man weiss nicht, welchem von ihnen man den Vortritt lassen soll, da ihre Tätigkeit dermassen universell ist. Der Wasserstoff steht zuoberst auf dem Podest, denn er ist das Licht aller Sonnen. Diese vier Gase stellen fast alleine die organische Materie dar, zusammen mit dem Calcium, dem Phosphor, dem Schwefel, dem Natrium, dem Kalium usw.

Der Wasser- und der Sauerstoff bilden das Wasser, zusammen mit dem Chlor, dem Natrium und dem Iod für die Meere. Das Silicium, das Calcium, das Aluminium das Magnesium kombiniert mit dem Sauerstoff, dem Kohlenstoff usw. bilden die grossen Massen geologischer Gelände, die übereinanderliegenden Schichten der Erdkruste. Die Edelmetalle sind für die Menschen bedeutender als für die Natur.

Vor noch nicht allzu langer Zeit wurden diese Elemente als Eigenheit unseres Planeten betrachtet. Was gab es zum Beispiel für Polemiken um die Sonne, ihre Zusammensetzung, den Ursprung und das Wesen des Lichts! Der grosse Streit zwischen dem *Teilchen-* und dem *Wellenmodell* ist noch kaum beendet.

Man hört noch den Gefechtslärm der letzten Scharmützel der Nachhut. Die siegreiche *Wellentheorie* hatte auf ihrem Erfolg folgende stische Theorie gegründet: «Die Sonne, ein einfacher undurchsichtiger Körper wie jeder andere Planet, ist von zwei Atmosphären umhüllt, die eine davon, welche unserer ähnelt, dient den Einheimischen als Sonnenschirm gegen die zweite, welche Photosphäre genannt wird und eine ewige und unerschöpfliche Licht- und Wärmequelle ist.»

Diese universell akzeptierte Doktrin hat in der Wissenschaft aller Analogien zum Trotz lange vorgeherrscht. Das unter unseren Füssen brausende Zentralfeuer beweist zur Genüge, dass die Erde damals das gewesen ist, was die Sonne heute ist, und sich nie eine elektrische Photosphäre angelegt hat, welcher der Fortbestand vergönnt war.

Die Spektralanalyse hat diese Fehler zum Verschwinden gebracht. Es handelt sich nicht mehr um unverwüstliche und ewige Elektrizität, sondern ganz prosaisch um brennenden Wasserstoff, hier wie dort, mit der Mitwirkung von Sauerstoff. Die rosaroten Protuberanzen sind die wundersamen Strahlen dieses brennenden Gases, welche während vollständigen Sonnenfinsternissen über die Mondscheibe hinausgehen. Was die Sonnenflecken betrifft, hatte man Recht gehabt, sie als ausgedehnte offene Trichter in Gasmassen darzustellen. Es ist die Flamme des Wasserstoffs, welche von Stürmen über enorme Oberflächen gefegt wird und welche den Sternenkern nicht als schwarze Undurchdringlichkeit, sondern als relative Finsternis sichtbar macht, entweder in flüssiger oder stark komprimierter Gasform.

Die Hirngespinste sind also verschwunden. Man hat nun zwei irdische Elemente, welche das Universum genau wie die

Strassen von Paris und London erhellen. Ihre Kombination verbreitet Licht und Wärme. Das Produkt dieser Kombination, das Wasser, erschafft und unterhält das organische Leben. Ohne Wasser keine Atmosphäre, keine Flora und keine Fauna. Einzig und allein die Leiche des Mondes.

Flammenmeer in den Sternen zur Belebung, Wassermeer auf den Planeten zur Organisation, der Zusammenschluss von Wasser- und Sauerstoff ist die Regierung der Materie und das Natrium ihr untrennbarer Gefährte in zwei entgegengesetzten Formen, dem Feuer und dem Wasser. Es leuchtet in erster Linie im Sonnenspektrum; es ist das Hauptelement des Salzes in den Meeren.

Diese heute trotz ihrer leichten Wellen so ruhigen Meere haben ganz andere Stürme gekannt, als sie als verzehrende Flammen über die Laven unserer Welt wirbelten. Es ist allerdings die gleiche Masse an Wasser- und Sauerstoff; aber welche Verwandlung! Die Evolution ist vollbracht. Sie wird sich auch auf der Sonne vollbringen. Schon ihre Flecken zeigen bei der Verbrennung des Wasserstoffs flüchtige Lücken, welche die Zeit stetig vergrössern und permanent werden lassen wird. Diese Zeit zählt sich wahrscheinlich in Jahrhunderten, doch die Neigung zeigt nach unten.

Die Sonne ist ein Stern im Niedergang. Der Tag wird kommen, wo das Produkt der Kombination von Wasser- und Sauerstoff, das aufhört, sich erneut zu zersetzen, um die beiden Elemente getrennt neu zu bilden, bleiben wird, was es sein muss, Wasser. Dieser Tag wird gleichbedeutend mit dem Ende der Flammenherrschaft sein und jene der wässrigen Dämpfe wird beginnen, deren letztes Wort das Meer ist. Diese Dämpfe wickeln den gestürzten Stern in ihre dichten Massen ein und die Welt unseres Planeten wird in die ewige Nacht eintreten.

Vor dieser verhängnisvollen Frist wird die Menschheit Zeit haben, viele Dinge zu lernen. Durch die Spektrometrie weiss sie schon, dass die Hälfte der 64 *einfachen Körper*, die unseren Planeten bilden, auch Teil der Sonne, der Sterne und ihrem Gefolge sind. Sie weiss, dass das ganze Universum das Licht, die Wärme und das organische Leben vom miteinander verbundenen Wasser- und Sauerstoff erhält, als Flammen oder Wasser.

Es zeigen sich nicht alle *einfachen Körper* im Sonnenspektrum und umgekehrt zeugen die Spektren der Sonne und der Sterne von der Existenz uns unbekannter Elemente. Doch diese Wissenschaft ist noch neu und unerfahren. Sie spricht kaum ihr erstes Wort und es ist entscheidend. Die Elemente der Himmelskörper sind überall gleich. Die Zukunft wird von Tag zu Tag die Beweise dieser Gleichheit enthüllen. Die Unterschiede in der Dichte, die anfangs als unüberwindbares Hindernis für jegliche Ähnlichkeit zwischen den Planeten unseres Systems erschienen, verlieren beträchtlich an isolierender Bedeutung, wenn man erkennt, dass die Sonne, deren Dichte einen Viertel unseres Planeten beträgt, Metalle wie Eisen (Dichte 7.80), Nickel (8.67), Kupfer (9.95), Zink (7.19), Cobalt (7.81), Cadmium (8.69) und Chrom (5.90) enthält.

Nichts ist natürlicher als die Tatsache, dass die *einfachen Körper* auf den verschiedenen Planeten in ungleichen Proportionen existieren, daraus resultieren die Unterschiede in der Dichte. Natürlich müssen sich die Bauteile eines Nebelflecks auf den Planeten gemäss den Gesetzen der Schwerkraft ordnen, doch diese Ordnung hindert die *einfachen Körper* nicht daran, in der Gesamtheit des Nebelflecks zu koexistieren, ausser wenn sie sich danach gemäss einer gewissen Ordnung kraft dieser Gesetze aufteilen. Genau das trifft auf unser System und – allem Anschein nach – auf jenes der anderen Sterngruppen zu. Wir werden später sehen, welche Bedingungen aus dieser Tatsache hervorgehen.

V. Beobachtungen zur Kosmogonie von Laplace – Die Kometen

Laplace hat seine Hypothese von Herschel, der sie von seinem Teleskop hat. Gänzlich der Mathematik verpflichtet, beschäftigt sich der berühmte Geometriker viel mit der Bewegung der Gestirne und kaum mit ihrem Wesen. Er berührt die physikalische Frage nur gemächlich, durch einfache Behauptungen, und beeilt sich, zur Berechnung der Schwerkraft zurückzukehren, seinem permanenten Ziel. Es ist ersichtlich, dass seine Theorie mit zwei grundlegenden Schwierigkeiten konfrontiert ist: mit dem Ursprung sowie der hohen Temperatur der Nebelflecken und den Kometen. Vertagen wir momentan die Nebelflecken und beschäftigen wir uns mit den Kometen. Da er sie auf keinen Fall in seinem System unterbringen kann, schickt der Autor sie, um sich ihrer zu entledigen, auf einen Spaziergang von Stern zu Stern. Folgen wir ihnen, damit wir sie ebenfalls loswerden können.

Alle haben mittlerweile eine tiefe Verachtung für die Kometen entwickelt, diese elenden Spielzeuge der höheren Planeten, welche sie wegstossen, auf hundert Arten herumzerren, sie mit Sonnenfeuer aufblähen und sie schliesslich in Stücke gerissen herausschmeissen. Die vollständige Verwahrlosung!

Welch ergebener Respekt damals, als man in ihnen die Botschafter des Todes sah! Nur noch Buhrufe und Pfiffe, seit man weiss, dass sie harmlos sind! Hier erkennt man die Menschen durchaus wieder.

Diese Unverschämtheit ist allerdings nicht frei von einer leichten Besorgnis. Orakel können nicht auf Widersprüche verzichten. So zum Beispiel Arago, der, nachdem er zwanzig Mal die absolute Nichtigkeit der Kometen proklamiert und versichert hat, dass das perfekteste Vakuum einer Druckluftmaschine noch dichter ist als die Substanz derselben, trotzdem in einem Kapital seiner Werke erklärt, dass «die Verwandlung der Erde in einen Satelliten eines Kometen ein Ereignis ist, welches durchaus im Bereich des Möglichen liegt».

Laplace, ein ausgesprochen ernstzunehmender und zuverlässiger Gelehrter, hat ebenfalls das Für und Wider dieser Frage abgewogen. Er sagt irgendwo: «Das Zusammentreffen mit einem Kometen kann auf der Erde keine fühlbare Wirkung hervorbringen. Es ist sehr wahrscheinlich, dass die Kometen sie mehrere Male umhüllt haben, ohne wahrgenommen worden zu sein…» Und woanders: «Es ist einfach, sich die Wirkung dieses Zusammenstosses (eines Kometen) mit der Erde vorzustellen: veränderte Rotationsachse und -bewegung; die Meere verlassen ihre ehemaligen Stellungen, um sich schleunigst in Richtung des neuen Äquators zu bewegen; ein grosser Teil der Menschen und Tiere ertrunken in dieser universellen Sintflut oder durch den geschockten Planeten zerstört, ganze Spezies vernichtet…» usw.

Solch kategorischen Jas und Neins sind aus der Feder von Mathematikern seltsam. Die Massenanziehung, dieses fundamentale Dogma der Astronomie, wird manchmal gleichermassen malträtiert. Wir werden das sehen, wenn wir vom Tierkreislicht sprechen.

Dieses Phänomen ist verschieden erklärt worden. Man hat es zuerst der Sonnenatmosphäre zugeordnet, eine von Laplace bestrittene Ansicht. Gemäss ihm «erreicht die Sonne nicht den halben Weg der Umlaufbahn von Merkur. Die Tierkreislichter entstammen Molekülen, die zu flüchtig sind, um sich zur Zeit der Urbildung des Universums mit Planeten vereinigt zu haben, und die heute den Zentralstern umkreisen. Ihre äusserste Zartheit setzt dem Marsch der Himmelskörper kaum Widerstand entgegen und ergibt diese für die Sterne durchlässige Helligkeit.»

Eine solche Hypothese ist nicht sehr wahrscheinlich. Die durch eine hohe Temperatur verflüchtigten planetarischen Moleküle behalten ihre Wärme in den Eiswüsten der Weite nicht ewig bei, genauso wenig also ihre Gasform. Zudem wäre, was auch immer Laplace dazu sagen mag, diese Materie, die man so leicht vermutet, ein ernsthaftes Hindernis für die Bewegungen der Himmelskörper und würde mit der Zeit zu schlimmer Unordnung führen.

Der gleiche Einwand widerlegt eine neuere Idee, welche den Trümmern der in den Stürmen des Periheliums untergegangenen Kometen den ehrenhaften Status des Tierkreislichtes zuweist. Diese Reste sollen einen weiten Ozean bilden, der sogar die Umlaufbahnen des Merkurs, der Venus und der Erde umhüllt und darüber hinausreicht. Indem man die Nichtigkeit der Kometen mit jener des Äthers oder gar mit jener der Leere verwechselt, treibt man ihre Geringschätzung etwas gar weit. Nein, die Planeten hätten keine gute Fahrt durch diese Umwölkungen, und die Schwerkraft würde sich ziemlich schnell schlecht fühlen. Es scheint noch weniger rational zu sein, den Ursprung der mysteriösen Lichtschimmer des Tierkreisgebietes in einem um die Sonne kreisenden Ring von Meteoriten zu suchen. Aufgrund ihrer Natur sind die Meteoriten nicht sehr durchlässig für die Helligkeit der Sterne.

Indem man etwas weiter in die Höhe steigt, würde man vielleicht den Weg der Wahrheit finden. Arago hat irgendwo gesagt: «Die Kometenmaterie konnte ziemlich oft in unsere Atmosphäre eintreten. Dieses Ereignis stellt keine Gefahr dar. Wir können den Schweif eines Kometen durchqueren, ohne es zu merken…» Laplace ist nicht minder explizit: «Es ist sehr wahrscheinlich», sagt er, «dass die Kometen mehrere Male die Erde umhüllt haben, ohne wahrgenommen worden zu sein…» Alle werden dieser Meinung sein. Aber man kann die beiden Astronomen fragen, was aus den Kometen geworden ist. Haben sie ihre Reise fortgesetzt? Ist es ihnen möglich, sich den Umklammerungen der Erde zu entreissen und über sie hinwegzugehen? Wird die Anziehung also in Beschlag genommen? Was! Diese verschwommene Kometenausdünstung, deren Nichts zu definieren die Zunge ermüden lässt, würde der das Universum beherrschenden Kraft trotzen!

Man geht davon aus, dass zwei in vollem Tempo geworfene Kugeln sich durch die Tangente kreuzen und sich nach einem doppelten Zusammenstoss weiterhin meiden. Aber die Tatsache, dass irrende Nichtigkeiten sich an unsere Atmosphäre heften, sich dann friedlich davon lösen, um ihren Weg fortzusetzen, zeugt von einer kaum akzeptablen Dreistigkeit. Wieso bleiben diese diffusen Dämpfe nicht durch die Schwerkraft an unseren Planeten gefesselt?

«Eben genau! Weil sie nichts wiegen,» wird man sagen. «Ihre Inkonsistenz selbst entzieht sich ihr. Wo keine Masse ist, ist auch keine Anziehung.» Ein falscher Gedankengang. Wenn sie sich von uns trennen, um sich ihrem Armeekorps anzuschliessen, so ist das, weil das Armeekorps sie anzieht und sie uns entwendet. Weshalb? Die Erde hat freilich mehr Macht als sie. Die Kometen, man weiss es, stören niemanden und alle stören sie, weil sie die ergebenen Sklaven der Anziehung sind. Wie könnten sie aufhören, ihr genau zu jenem Zeitpunkt zu gehorchen, wo unser Globus sie am Körper ergreift und sie nicht mehr loslassen soll? Die Sonne ist zu fern, um sie jenem streitig zu machen, der sie so nahe hält, und würde sie auch die Spitze dieses Gewühls fortreissen, so bliebe die gebrochene und auseinandergetriebene Nachhut im Machtbereich der Erde.

Man spricht jedoch, als ob es eine ganz einfache Sache wäre, von Kometen, die unseren Planeten umkreisen und dann verlassen. Niemand hat diesbezüglich die geringste Beobachtung gemacht. Reicht der schnelle Marsch dieser Gestirne, um sie der irdischen Handlung zu entziehen, und setzen sie ihren Gang durch den errungenen Antrieb fort?

Eine solche Verletzung des Gravitationsgesetzes ist unmöglich und wir sollten den Tierkreislichtern auf der Spur sein. Die Kometeneinheiten, welche zu Gefangenen dieses Aufeinandertreffens der Sterne und durch die Rotation in Richtung Äquator zurückgedrängt werden, bilden diese linsenförmigen Buckel, die von den Sonnenstrahlen vor der Morgenröte und allen voran nach der Abenddämmerung erhellt werden. Die Wärme des Tages hat sie ausgeweitet und macht ihren Glanz fühlbarer als am Morgen nach der Abkühlung der Nacht.

Diese diaphanen Massen, die aussehen wie Kometen und den kleinsten Sternen Durchlass gewähren, bewohnen eine immense Weite, vom Äquator, ihrem Zentrum und ihrem Gipfelpunkt bezüglich Höhe und Glanz, bis weit jenseits der Wendekreise, und wahrscheinlich bis zu den beiden Polen, wo sie sich herabsetzen, sich zusammenziehen und erlöschen.

Man hat bis anhin das Tierkreislicht stets ausserhalb der Erde einquartiert und es war schwierig, ihm einen Platz und ein Wesen zuzuweisen, die sowohl mit seiner Permanenz als auch mit seinen Variationen vereinbar sind. Doch es ist die Erde selbst, welche dessen Ursache in sich trägt, in ihrer Atmosphäre eingewickelt, ohne dass sich die Atmosphäre deswegen um auch nur ein Atom vergrössert. Diese armselige Substanz könnte keinen entscheidenderen Beweis für ihre Nichtigkeit erbringen.

In ihren Besuchen erneuern die Kometen die Gefangenenkontingente vielleicht häufiger, als man denken mag. Diese Kontingente könnten übrigens eine gewisse Höhe nicht übersteigen, ohne von der ihre Beute in den Weltraum tragenden Zentrifugalkraft aufgeschäumt zu werden. Die Erdatmosphäre ist also von einer Kometenhülle umwickelt, die schier unwägbar, sowie Sitz und Quelle des Tierkreislichtes ist. Diese Version kann mit der Lichtdurchlässigkeit der Kometen in Einklang gebracht werden und zudem berücksichtigt sie die Gravitationsgesetze, welche die Flucht von durch Planeten gefangen genommenen Einheiten nicht erlauben.

Kommen wir auf die Geschichte dieser haarigen Nichtigkeiten zurück. Obwohl sie Saturn meiden, stehen sie unter der Fuchtel Jupiters, des Polizisten des Systems. Als Gruppe im Schatten wittert er sie, noch bevor sie ein Sonnenstrahl sichtbar machen würde, und schiebt sie heftig in Richtung der gefährlichen Schlünde. Dort, ergriffen von der Wärme und ausgeweitet bis zur Monstrosität, verlieren sie ihre Form, verlängern sich, zersetzen sich und durchqueren aufgelöst die schreckliche Passage, sie hinterlassen überall Nachzügler und schaffen es nur mit grosser Mühe unter dem Schutz der Kälte, in ihre unbekannten Einsamkeiten zurückzukehren.

Es entfliehen nur jene, welche die Fallen der Zone der Planeten meiden konnten. So schmilzt der Komet von 1811 von den Polarhöhen auf der Ekliptik, indem er dem verhängnisvollen Umzug ausweicht und die dicken Spinnen weit entfernt in den Tierkreisebenen auf ihren Netzen spazieren lässt, er ragt schnell über die Sonne hinaus und dreht sie, dann verhöhnt er die immensen vom Feuer des Feindes zerstreuten Säulen und bildet sie neu. Erst dann, nach dem Erfolg des Manövers, zeigt er die Herrlichkeiten seiner Armee den verblüfften Blicken und setzt seinen siegreichen Rückzug in den Tiefen des Raumes majestätisch fort.

Diese Triumphe sind selten. Die armen Kometen kommen zu Tausenden, um an der Kerze Verbrennungen zu erleiden. Wie die Schmetterlinge strömen sie aus der Tiefe der Nacht leicht zusammen, um ihre Schleife in Richtung der sie anziehenden Flamme zu drängen, und lösen sich nicht auf, ohne die Felder der Ekliptik mit ihren Wrackteilen zu bedecken. Wenn man den Chronisten des Himmelsreiches Glauben schenken soll, so entfaltet sich ein grosser mysteriös schimmernder Kometenfriedhof von der Sonne bis jenseits der Erdsphäre, der sich an den Abenden und Morgen der reinen Tage zeigt. Man erkennt diese Toten an ihren phantomhaften Helligkeiten, welche sich vom lebendigen Licht der Sterne durchqueren lassen.

Wären es nicht eher flehende Gefangene, die seit Jahrhunderten an die Schranken unserer Atmosphäre gekettet sind und vergeblich Freiheit oder Gastfreundschaft fordern? Die zwischen den Wendenkreisen wohnende Sonne zeigt uns mit ihrem ersten und letzten Sonnenstrahl diese bleichen *Bohémiennes*, welche ihren indiskreten Besuch bei ansässigen Leuten so teuer bezahlen müssen.

Die Kometen sind wahrhaft phantastische Wesen. Seit der Einrichtung des Sonnensystems sind sie zu Tausenden ins Perihelium übergegangen. Unsere besondere Welt ist voll von ihnen und trotzdem entziehen sich mehr als die Hälfte den Blicken, gar durch das Teleskop. Wie viele dieser Nomaden haben sich bei uns angesiedelt? Drei – und dennoch kann man sagen, dass sie in einem Zelt leben. Sie werden eines schönes Tages aufstehen und sich wieder ihren zahllosen Stämmen in den imaginären Räumen anschliessen. Es spielt in Tat und Wahrheit keine Rolle, ob sie das durch Ellipsen, Parabeln oder Hyperbeln tun.

Letztendlich sind es harmlose und anmutige Kreaturen, die häufig in den schönsten Sternennächten die Hauptrolle spielen. Wenn sie auch wie Verrückte in die Mäusefallen tappen, so ist die Astronomie mit ihnen darin gefangen und kann ihnen noch weniger entfliehen. Es sind wahre wissenschaftliche Albträume. Welch Kontrast zu den Himmelskörpern! Die beiden Exzesse des Gegensatzes, die überwältigenden Massen und die Unwägbarkeiten, der Exzess der Riesenhaftigkeit und der Exzess des Nichts.

Und Laplace spricht bezüglich dieses Nichts jedoch von Kondensation, von Verdampfung, als ob es sich um irgendein Gas handeln würde. Er versichert, dass sich die Kometen durch die Hitze des Periheliums langfristig vollständig im Raum auflösen.

Was wird aus ihnen nach dieser Verflüchtigung? Der Autor sagt nichts dazu und scheint sich kaum den Kopf darüber zu zerbrechen. Sobald es nicht mehr um Geometrie geht, geht er im Schnellverfahren ohne viele Skrupel zu Werke. Doch so ätherisch die Sublimierung der haarigen Gestirne auch sein mag und muss, bleibt sie doch Materie. Was wird ihr Schicksal sein? Wahrscheinlich werden sie später durch die Kälte wieder ihre Urform annehmen. So sei es. Es ist das Wesen eines Kometen, das diese gehfähigen Lichtdurchlässigkeiten reproduziert. Aber diese Lichtdurchlässigkeiten sind, gemäss Laplace und anderen Autoren, mit den fixen Nebelflecken identisch.

Oh! Hier muss beispielsweise ein Riegel vorgeschoben werden! Man muss die vorbeikommenden Worte auf ihren Inhalt prüfen. *Nebelfleck* ist verdächtig. Der Name ist allzu verdient, denn er hat drei verschiedene Bedeutungen. Man bezeichnet damit 1) einen weisslichen Schein, der durch starke Teleskope in zahlreiche kleine, eng zusammenliegende Sterne zerlegt werden kann; 2) eine bleiche Helligkeit, deren Anschein ähnlich ist, die mit etlichen glänzenden Punkten übersät ist und nicht in Sterne aufgelöst werden kann; 3) die Kometen.

Die gründliche Gegenüberstellung dieser drei Individualitäten ist unerlässlich. Für die erste, die kleinen Sternhaufen, besteht keine Schwierigkeit. Wir sind einverstanden. Die Anfechtung betrifft gänzlich die beiden anderen. Laplace folgend bilden Nebelflecken, die im Universum reichlich verbreitet sind, durch einen ersten Grad der Kondensation entweder Kometen, oder aus glänzenden Punkten bestehende Nebelflecken, die an Sternen irreduzibel sind und sich in Sonnensysteme verwandeln. Er erklärt diese Transformation und beschreibt sie detailliert.

Was die Kometen betrifft, beschränkt er sich darauf, sie als kleine irrende Nebelflecken darzustellen, die er nicht definiert und überhaupt nicht versucht, sie von den neuen Sternen zeugenden Nebelflecken zu differenzieren. Er besteht ganz im Gegenteil auf ihrer traulichen Ähnlichkeit, die es einzig erlaubt, sie durch die für die Sonnenstrahlen sichtbar gewordene Bewegung der Kometen voneinander zu unterscheiden. Kurzum nimmt er im Herschel-Teleskop irreduzible Nebelflecken wahr und macht daraus unterschiedslos Planetensysteme oder Kometen. Es ist nur eine Frage der Sphären und der Unveränderlichkeit oder Irregularität bezüglich der Schwerkraft. Alles in allem der gleiche Ursprung: «Die im Universum zerstreuten Nebelflecken», folglich die gleiche Beschaffenheit.

Wie konnte ein solch grosser Physiker geliehenes Geleuchte, eisig und leer, mit den immensen glühenden Dampfgarben gleichsetzen, die eines Tages Sonnen sein werden? Man könnte darüber hinwegsehen, wenn die Kometen aus Wasserstoff bestünden. Man könnte annehmen, dass grosse Gasmassen, die ausserhalb der astralen Nebelflecken geblieben sind, frei durch die Weite irren, wo sie das kleine Stück der Schwerkraft aufführen. Ausserdem wäre es kaltes und dunkles Gas, während die Wiegen der Sterne und Planeten Weissgluten sind, wodurch die Gleichsetzung dieser beiden Arten von Nebelflecken immer noch unmöglich bliebe. Es mangelt uns jedoch gar an dieser Notlösung. Verglichen mit den Kometen ist der Wasserstoff Granit. Die neblige Materie der Sternsysteme und jene der Kometen können nichts gemeinsam haben. Die eine ist Kraft, Licht, Gewicht und Wärme; die andere Nichtigkeit, Eis, Leere und Dunkelheit.

Laplace spricht von einer solch perfekten Ähnlichkeit zwischen den beiden Arten von Nebelflecken, dass man grosse

Schwierigkeiten hat, sie zu unterscheiden. Was! Die verdunsteten Nebelflecken befinden sich in unermesslichen Entfernungen, die Kometen fast in Griffweite, und aufgrund einer zwecklosen Ähnlichkeit zwischen zwei von derartigen Abgründen voneinander getrennten Körpern schliesst man auf die Gleichheit der Beschaffenheit! Doch der Komet ist ein unendlich kleines Wesen und der Nebelfleck fast ein Universum. Jeglicher Vergleich zwischen solchen Gegebenheiten ist eine Widersinnigkeit.

Wiederholen wir noch einmal, dass diese Gestirne, falls ein Teil des Wasserstoffs sich während dem flüchtigen Zustand der Nebelflecken gleichzeitig der Anziehung als auch der Verbrennung entzöge, wollten sie sich frei im Universum verflüchtigen und zu Kometen werden, Teil der allgemeinen Beschaffenheit des Universums würden und darin eine fürchterliche Rolle spielen könnten. Als Masse in einem planetarischen Zusammentreffen machtlos, aber durch den Zusammenstoss mit der Luft und dem Kontakt mit ihrem Sauerstoff glühend geworden, würden sie alle organisierten Körper dem Feuer übergeben, sowohl Pflanzen als auch Tiere. Nur, gemäss einhelliger Meinung ist der Wasserstoff für die Kometensubstanz was ein Marmorblock für den Wasserstoff selbst wäre.

Man gehe nun von Fetzen astraler Nebelflecken aus, die wie die Kometen von System zu System irren. Diese flüchtigen Anhäufungen wären um uns herum in Höchsttemperatur, nicht als delikater, glanzloser und starrer Nebel, sondern als schauerliche Licht- und Wärmewirbelwinde, die unsere Polemiken über sie eiligst beendet hätten. Die Ungewissheit bezüglich der Kometen zieht sich in die Länge. Diskussionen und Vermutungen setzen dieser Situation kein Ende. Einige Punkte scheinen zumindest entwirrt zu sein. So bezweifelt niemand die Einheit der Kometensubstanz. Es ist ein einfacher Körper, der in seinen derart zahlreichen Erscheinungen keine Nebenformen gezeigt hat. Man findet stets diese bis hin zur Leere elastische und dehnbare Zartheit, diese absolute Lichtdurchlässigkeit, die das Durchkommen der kleinsten Scheine nicht im geringsten stört. Die Kometen sind weder Äther, noch Gas, weder flüssig, noch fest, sie ähneln in nichts dem, was die Himmelskörper bildet, sondern sie sind eine undefinierbare Substanz, die scheinbar überhaupt keine Eigenschaft mit der bekannten Materie teilt und ausserhalb jenes Sonnenstrahls, welcher sie für eine Minute dem Nichts entreisst, um sie danach darin zurückfallen zu lassen, nicht existieren. Zwischen diesem Sternenrätsel und den das Universum bildenden Sternsystemen besteht eine radikale Trennung. Es sind zwei isolierte Daseinsformen, zwei total unterschiedliche Kategorien der Materie, ohne andere Verbindung als eine ungeordnete, fast schon verrückte Gravitation. In der Beschreibung der Welt kann man dieses Kapital getrost auslassen. Sie sind nichts, sie machen nichts, sie haben nur eine Rolle, jene als Rätsel. Mit seinen übertriebenen Ausdehnungen des Periheliums und seinen eisigen Zusammenziehungen des Apheliums repräsentiert dieser irre Stern einen gewissen Riesen aus Tausendundeiner Nacht, der von Salomon in eine Flasche gesteckt worden ist und sich bei Gelegenheit langsam ausserhalb seines Gefängnisses als immense Wolke ausbreitet, um eine menschliche Gestalt anzunehmen, daraufhin wieder verdampft und den Weg durch den Flaschenhals zurückgeht, um am Grunde seines Glasbehälters zu verschwinden. Ein Komet ist eine Unze Nebel, die zuerst eine Million Quadratmeilen und dann eine Karaffe füllt.

Es ist jetzt Schluss mit diesen Spielzeugen, sie lassen die Debatte über diese Frage offen: «Sind die Nebelflecken alle erwachsene Sternhaufen oder muss man in einigen von ihnen

Föten von Sternen sehen, entweder einfach, oder vielfach?» Für diese Frage gibt es nur zwei Richter, das Teleskop und die Spektralanalyse. Verlangen wir von ihnen eine strenge Unvoreingenommenheit, die sich vor allem vor dem okkulten Einfluss grosser Namen hütet. Es scheint tatsächlich, dass die Spektrometrie ein bisschen dazu neigt, der Theorie Laplaces entsprechende Resultate zu finden.

Die Gefälligkeit für die möglichen Fehler des berühmten Mathematikers ist umso weniger nützlich, als dass seine Theorie der gegenwärtigen Kenntnis des Sonnensystems eine Kraft entnimmt, die fähig ist, sogar dem Teleskop und der Spektralanalyse die Stirn zu bieten, und das will etwas heissen! Sie ist die einzige rationale und vernünftige Erklärung der planetarischen Mechanik und würde freilich nur unwiderstehlichen Argumenten erliegen...

VI. Ursprung der Welten

Diese Theorie hat allerdings eine Schwachstelle – immer noch die gleiche, die Frage des Ursprungs, welche dieses Mal durch das Verschweigen einer Tatsache umgangen wird. Eine Auslassung ist leider keine Lösung. Laplace hat die Schwierigkeit geschickt hin- und hergewendet, um sie danach anderen zu hinterlassen. Er hatte ihr seine Hypothese entliehen, welche ihren Weg frei von diesem Stolperstein fortsetzen konnte.

Die Gravitation erklärt das Universum nur zur Hälfte. Die Himmelskörper gehorchen in ihren Bewegungen zwei Kräften, der Zentripetal- oder Schwerkraft, die sie fallen oder sich gegenseitig anziehen lässt, und der Zentrifugalkraft, die sie auf einer geraden Linie vorwärts drängt. Aus der Kombination dieser beiden Kräfte resultiert der mehr oder weniger elliptische Kreislauf aller Gestirne. Durch die Wegnahme der Zentrifugalkraft würde die Erde in die Sonne fallen. Durch die Wegnahme der Zentripetalkraft würde sie der Tangente folgend ihrer Sphäre entfliehen und sich gerade vor ihr entfernen.

Die Quelle der Zentripetalkraft ist bekannt, es ist die Anziehung oder Gravitation. Der Ursprung der Zentrifugalkraft bleibt ein Rätsel. Laplace hat diese Klippe umschifft. In seiner Theorie liegt der Ursprung der Translationsbewegung, anders gesagt, der Zentrifugalkraft, in der Rotation des Nebelflecks. Diese Hypothese ist zweifellos wahr, denn es ist unmöglich, befriedigender Rechenschaft über die Phänomene unserer Planetengruppe abzulegen. Es sei nur erlaubt, dem berühmten Geometriker folgende Frage zu stellen: «Woher kam die Rotation des Nebelflecks? Woher kam die Wärme, welche diese gigantische Masse verdunsten lässt, die sich später als von Planeten umgebene Sonne verdichtet?»

Die Wärme! Man könnte meinen, man brauche sich nur zu bücken und etwas davon im Raum zu ergreifen. Ja, Wärme mit einer Temperatur von 270 Grad unter Null. Will Laplace von dieser sprechen, wenn er sagt, *dass sich die Atmosphäre der Sonne ursprünglich aufgrund einer exzessiven Wärme über die Sphären aller Planeten hinaus ausgebreitet hat*? Er stellt Herschel folgend die Existenz einer grossen Anzahl von Nebelflecken fest, die am Anfang so diffus sind, dass man sie kaum sehen kann, und die nach einer Folge von Kondensationen in den Zustand der Sterne übergehen. Doch diese Sterne sind gigantische Planeten in voller Weissglut wie die Sonne, was von einer sehr beträchtlichen Wärme zeugt. Was mag bloss ihre Temperatur gewesen sein, als sie gänzlich aus Dämpfen bestanden und sich diese enormen Massen bis zu einem derartigen Mass der Verflüchtigung ausgedehnt haben, dass sie dem Blick nur noch einen kaum wahrnehmbaren Nebelfleck offerierten!

Es sind genau jene Nebelflecken, die Laplace als im Universum weit verbreitet und als Ursprünge der Kometen sowie der Sternsysteme darstellt. Eine untragbare Behauptung, wie wir es bezüglich der Kometensubstanz gezeigt haben, sie kann unmöglich irgendetwas mit den astralen Nebelflecken gemeinsam haben. Wenn sich diese Substanzen ähneln würden, hätten sich die Kometen immer und überall mit der Sternenmaterie vermischt, um ihr Dasein zu teilen, und tanzten nicht konstant aus der Reihe als Fremdkörper aller anderen Gestirne, sowohl bezüglich ihrer Unhaltbarkeit, als auch ihrer unsteten Gewohnheiten und der absoluten Einheit der Substanz, die sie ausmacht.

Laplace hat absolut Recht, wenn er sagt: «So steigt man hinunter, durch die Fortschritte der Kondensation der nebulösen Materie zur Betrachtung der Sonne als ein Körper, der damals von einer weiten Atmosphäre umgeben war, eine Betrachtung zu der man, wie wir gesehen haben, durch die Untersuchung der Phänomene des Sonnensystems gelangt. Ein solch bemerkenswertes Aufeinandertreffen verhilft der Existenz dieses vorherigen Zustandes der Sonne zu einer Wahrscheinlichkeit, die sehr nahe bei der Gewissheit liegt.»

Nichts ist hingegen falscher, als die Gleichsetzung der Kometen, diese unwägbaren und eisigen Nichtigkeiten, mit den astralen Nebelflecken, welche die massiven Teile der Natur repräsentieren, die von der Verflüchtigung bei *maximaler* Temperatur und *maximalem* Licht getragen werden. Die Kometen sind freilich ein trostloses Rätsel, denn sie werden, da sie unerklärlich bleiben, während man den ganzen Rest erklären kann, zu einem fast unüberwindbaren Hindernis für die Kenntnis des Universums. Doch man überwindet ein Hindernis nicht mithilfe einer Absurdität. Man bringt besser ein Opfer dar, indem man diesen Leichtigkeiten ein spezielles Dasein ausserhalb der eigentlichen Materie zugesteht, letztere kann sie sehr wohl durch die Schwerkraft beeinflussen, doch ohne sich einzumischen oder ihrem Einfluss ausgesetzt zu sein. Obwohl sie flüchtig, instabil, stets von kurzer Dauer sind, kennt man sie als einfache, einheitliche, unveränderliche, jeglicher Veränderung unzugängliche Substanz, die sich trennen oder vereinen, Massen formen oder sich in Fetzen zerreissen lassen, aber sich nie verändern kann. Sie greifen also nicht ins ewige Werden der Natur ein. Trösten wir uns ob diesem Rätsel mit der Nichtigkeit seiner Rolle.

Die Frage der Ursprünge ist eine viel ernsthaftere Frage. Laplace hat sie auf die leichte Schulter genommen, oder sie viel mehr gar nicht beachtet, und geruht es oder wagt nicht einmal, davon zu sprechen. Herschel hat mithilfe seines Teleskops zahlreiche Anhäufungen nebulöser Materie in verschiedenen Stadien der Streuung festgestellt, Anhäufungen, die durch fortwährende Abkühlungen zu Sternen werden. Der berühmte Geometriker erzählt und erklärt diese Veränderungen klar und deutlich. Aber kein Wort zum Ursprung dieser Nebelflecken. Man fragt sich selbstverständlich: «Diese Nebelflecken, die durch eine relative Kälte in den Zustand von Sonnen und Planeten verwandelt werden, woher kommen sie?»

Gemäss gewissen Theorien existiere in der Weite eine chaotische Materie, welche sich dank der Unterstützung der Wärme und der Anziehungskraft zu planetarischen Nebelflecken verdichtet. Weshalb und seit wann gibt es diese chaotische Materie? Woher kommt diese aussergewöhnliche Wärme, welche sie in ihrer Aufgabe unterstützt? Es sind alles Fragen, die man sich gar nicht stellt, wodurch man sie auch nicht beantworten muss.

Es ist nicht nötig, zu sagen, dass die chaotische Materie, welche die modernen Sterne bildet, auch die alten gebildet hat, woraus folgt, dass das Universum nicht älter ist als die ältesten stehenden Sterne. Man gesteht diesen Gestirnen gerne enorme Zeiträume zu; doch bezüglich ihrer Entstehung gibt es keine anderen Neuigkeiten als die Verdichtung der chaotischen Materie und bezüglich ihres Endes nur Schweigen. Der gemeinsame Scherz dieser Theorien ist die Errichtung einer nach Belieben Wärme erzeugenden Fabrik in den imaginären Räumen, um alle Nebelflecken und alle möglichen chaotischen Materien der unbestimmten Verflüchtigung zu übergeben.

Der so gewissenhafte Geometriker Laplace ist ein nicht gerade akkurater Physiker. Er lässt einfach so verdampfen, *aufgrund einer exzessiven Wärme*. Das ist erledigt, sobald der Nebelfleck sich verflüssigt. Man folgt ihm und seiner Darstellung der aufeinanderfolgenden Geburt der Planeten und ihrer Satelliten durch den Fortschritt der Abkühlung mit Bewunderung. Doch diese nebulöse Materie ohne Ursprung, von allem angezogen, man weiss weder wie, noch weshalb, ist auch ein Kühlmittel für den Enthusiasmus. Es ist wirklich nicht angemessen, seinen Leser vor eine in die Leere gesetzte Hypothese zu setzen und ihn dort zu belassen.

Die Wärme und das Licht sammeln sich nicht im Raum an, sie verfliegen. Sie haben eine versiegende Quelle. Alle Himmelskörper kühlen durch die Strahlung aus. Die Sterne, welche anfangs wunderbare Weissgluten sind, enden in schwarzer Vereisung. Unsere Ozeane waren einst ein Flammenmeer. Diese Flammen sind nur noch Wasser. Wenn die Sonne einmal erloschen ist, werden sie eine Eisscholle sein. Die nach der gestrigen Welt strebenden Kosmogonien mögen glauben, dass die Gestirne immer noch dabei sind, ihr erstes Öl zu verbrennen. Danach? Diese Millionen von Sternen, die Beleuchtung unserer Nächte, haben nur ein begrenztes Dasein. Sie haben im Feuer angefangen, sie werden in der Kälte und in der Dunkelheit enden.

Genügt es, zu sagen: «Das wird immer länger dauern als wir? Nehmen wir das, was ist. *Carpe diem*. Was auch immer vorher gewesen sein mag! Was auch immer folgen mag? Vor und nach uns die Sintflut!» Nein, das Rätsel des Universums steht permanent vor jedem Gedanken. Der menschliche Geist will es um jeden Preis entschlüsseln. Laplace war auf dem richtigen Weg, indem er diese Worte niedergeschrieben hat: «Von der Sonne aus gesehen ähnelt der Mond einer Abfolge von Epizykloiden, deren Mittelpunkte auf dem Kreisumfang der Erdsphäre liegen. Gleichermassen ähnelt die Erde einer Abfolge von Epizykloiden, deren Mittelpunkte auf jener Kurve liegen, welche die Sonne rund um den Schwerpunkt jener Sterngruppe zeichnet, wovon sie Teil ist. Die Sonne ähnelt schliesslich einer Abfolge von Epizykloiden, deren Mittelpunkte auf jener Kurve liegen, welche vom Schwerpunkt dieser Gruppe rund um jenen des Universums gezeichnet wird.»

«Des Universums!» Das ist gross geredet. Dieses angebliche Zentrum des Universums mit dem enormen es umkreisenden Gefolge ist nur ein nicht wahrnehmbarer Punkt in der Weite. Laplace war allerdings sehr wohl auf dem richtigen Weg und wäre fast zur Lösung des Rätsels gekommen. Nur diese

Formulierung «des Universums» beweist, dass er sie berührte, ohne sie zu sehen, oder zumindest ohne sie zu betrachten. Er war ein Ultramathematiker. Er war zutiefst von der unveränderlichen Harmonie und Festigkeit der Himmelsmechanik überzeugt. Fest, sehr fest, also gut. Man sollte jedoch zwischen dem Universum und einem Uhrwerk unterscheiden.

Wenn ein Uhrwerk falsch läuft, stellt man es richtig ein. Wenn es beschädigt ist, repariert man es. Wenn es abgenutzt ist, ersetzt man es. Doch wer repariert oder ersetzt die Himmelskörper? Geniessen diese Flammenkugeln, solch prächtige Repräsentanten der Materie, das Privileg des Fortbestandes? Nein, die Materie ist nur bezüglich ihrer Elemente und ihrer Gesamtheit ewig. All ihre Formen, ob schlicht oder erhaben, sind vorübergehend und vergänglich. Die Gestirne werden geboren, glänzen, erlöschen, und indem sie vielleicht ihre verpuffte Pracht Tausende von Jahrhunderten überleben, übergeben sie den Gesetzen der Schwerkraft nur noch schwebende Gräber. Wie viele Milliarden dieser gefrorenen Leichen bevölkern wartend auf den Moment der Zerstörung, der gleichzeitig jener der Auferstehung sein wird, die Nacht des Raumes!

Denn die Dahingeschiedenen der Materie werden alle wieder zu Teilen des Lebens, was auch immer ihre Bedingung sein mag. Wenn auch die Nacht im Grab für die erlöschten Gestirne lange dauern mag, so kommt doch der Moment, wo sich ihre Flamme neu entzündet wie der Blitz. Auf der Oberfläche der Planeten, unter den Sonnenstrahlen, zersetzt sich die sterbende Form schnell, um ihre Elemente einer neuen Form zu übergeben. Metamorphosen ohne Unterbruch. Aber wenn eine Sonne gefroren dahinscheidet, wer wird ihr die Wärme und das Licht zurückgeben? Sie kann nur als Sonne wiedergeboren werden. Sie belebt im Einzelnen eine Myriade an verschiedensten Wesen. Nur durch Heirat kann sie es ihren Söhnen übermitteln. Wie mögen nur die Hochzeiten und Geburten dieser Riesen des Lichts sein?

Wenn nach Millionen von Jahrhunderten einer dieser enormen Sternenstrudel, Sterne, die gemeinsam geboren worden sind, gemeinsam Kreise gedreht haben, gemeinsam gestorben sind, die Durchwanderung der vor ihm liegenden offenen Regionen des Raums vollendet, stösst er an seinen Grenzen mit anderen erloschenen Strudeln zusammen, die gekommen sind, um ihn zu treffen. Ein rabiates Getümmel beginnt und dauert unzählige Jahre, auf einem Schlachtfeld, das sich über Milliarden von Milliarden von Meilen erstreckt. Dieser Teil des Universums ist nur noch eine weite Flammenatmosphäre, die unablässig vom Blitzschlag der unmittelbar Sterne und Planeten verdunsten lassenden Umstürze durchzogen wird.

Dieses Pandämonium kündigt seinen Gehorsam gegenüber den Naturgesetzen nicht eine Sekunde auf. Die aufeinanderfolgenden Zusammenstösse bringen die festen Massen in den Zustand der Dämpfe, die ihrerseits wieder alsobald von der Schwerkraft erfasst werden, die sie in Nebelflecken gruppiert, die sich durch die Wirkung des Zusammenstosses um sich selbst drehen, und sie in einen regulären Kreislauf rund um neue Mittelpunkte wirft. Die fernen Beobachter können dann durch ihre Teleskope den Schauplatz dieser grossen Revolutionen in Form eines bleichen Lichtscheins, eines Getümmels hellerer Punkte wahrnehmen. Der Lichtschein ist nur ein Fleck, doch dieser Fleck ist ein Volk wiederauferstehender Planeten.

Jeder der Neugeborenen wird zuerst einsam seine Kindheit verbringen, als glutrote und stürmische Wolke. Mit der Zeit beruhigt sich der junge Stern und aus seinem Schoss löst sich allmählich eine zahlreiche Familie heraus, die bald durch die Abgeschiedenheit ausgekühlt ist und nur noch von der väterlichen Wärme lebt. Er wird ihr einziger Repräsentant in einer Welt sein, die nur ihn kennen und nie seine Kinder sehen wird. Das ist unser Planetensystem und wir bewohnen eines der jüngsten Mädchen, auf welches nur noch eine Schwester, Venus, und ein ganz kleiner Bruder, Merkur, der jüngst aus dem Nest Geschlüpfte, gefolgt sind.

Funktioniert die Wiedergeburt der Welten genau auf diese Art und Weise? Ich weiss nicht. Vielleicht sind die toten Legionen, die zusammenstossen, um das Leben wieder zu ergreifen, weniger zahlreich, das Feld der Auferstehung weniger weit. Aber es ist freilich nur eine Frage der Zahlen und der Weite, nicht des Mittels. Ob das Zusammentreffen, sei es schlicht und einfach zwischen zwei Sterngruppen, sei es zwischen zwei Systemen, in welchen jeder Stern mit seinem Gefolge schon nur die Rolle des Planeten spielt, sei es zwischen zwei Mittelpunkten, in welchen er nur noch ein bescheidener Satellit ist, sei es schliesslich zwischen zwei Heimstätten, die eine Ecke des Universums repräsentieren, stattfinden mag, das darf von niemandem wohlweislich entschieden werden. Die einzige legitime Behauptung ist folgende:

Die Materie kann weder um ein Atom schrumpfen, noch anwachsen. Die Sterne sind nur kurzlebige Fackeln. Wenn sie also mal erloschen sind, ergreifen die Nacht und der Tod, falls sie sich nicht wieder entzünden, in einer gegebenen Zeit das Universum. Doch wie könnten sie sich wieder entzünden, wenn nicht durch eine in Wärme verwandelte Bewegung in gigantischem Ausmass, d.h. durch einen Zusammenstoss, der sie verdunsten lässt und ihnen neues Leben einhaucht? Man möge nicht einwenden, dass die Bewegung durch ihre Verwandlung in Wärme nichtig werde und somit die Planeten gelähmt seien. Die Bewegung ist nur das Resultat der Anziehung und diese ist als permanente Eigenschaft aller Körper unvergänglich. Die Bewegung entsteht aus dem Zusammenstoss selbst von Neuem, womöglich in neue Richtungen, doch immer als Wirkung der gleichen Ursache, der Schwerkraft.

Werdet ihr sagen, diese Umwälzungen seien eine Verletzung der Gesetze der Schwerkraft? Davon wisst ihr soviel wie der Blinde von der Farbe, ich ebenfalls. Unsere einzige Ressource ist der Rückgriff auf die Analogie. Sie antwortet uns: «Seit Jahrhunderten fallen millionenfach Meteoriten auf unseren Globus und zweifellos auch auf die anderen Planeten der Sternsysteme. Das ist ein schwerwiegender Verstoss gegen die Anziehung, so wie ihr sie versteht. Es ist in Tat und Wahrheit eine Form der Anziehung, die ihr nicht kennt, oder eher verachtet, weil sie auf Asteroiden wirkt, nicht auf Gestirne. Nachdem sie sich Tausende von Jahren allen Regeln folgend im Kreis gedreht haben, sind sie eines schönen Tages gegen die Regel verstossend in die Atmosphäre eingedrungen und haben dort die Bewegung durch ihre Verschmelzung oder Verflüchtigung aufgrund des Luftwiderstands in Wärme verwandelt. Was den Kleinen geschieht, kann und muss auch den Grossen geschehen. Bringt die Schwerkraft im Observatoire vor Gericht, angeklagt, Meteorsteine, die man ihr anvertraut hatte, um sie auf ihrer Fahrt ins Blaue auf Kurs zu halten, schelmisch und unrechtmässigerweise auf die Erde herabstürzen oder fallen zu lassen.»

Ja, die Schwerkraft hat sie fallen gelassen, lässt sie fallen und wird sie fallen lassen, genau wie sie die einen gegen die anderen gestossen hat, stösst und stossen wird, alte Planeten, alte Sterne, alte Dahingeschiedene schliesslich, die schaurig in einem alten Friedhof umherwandern, und die Dahingeschiedenen explodieren also wie ein Feuerwerk, und die Flammen erstrahlen, um die Welt zu erleuchten. Falls euch das Mittel nicht gefällt, findet ein besseres. Aber Obacht. Die Sterne haben nur eine Lebenszeit und sind die ganze Materie, wenn man die Planeten hinzunimmt. Wenn ihr ihnen nicht zur Auferstehung verhelft, sind die Tage des Universums gezählt. Was den Rest betrifft, werden wir unsere Demonstration in allen erhabenen und schlichten Formen fortsetzen, ohne uns vor unnötigen Wiederholungen zu fürchten. Die Thematik hat es verdient. Es ist nicht gleichgültig, zu wissen oder nicht zu wissen, wie das Universum fortbesteht.

So kann man bis zum Beweis des Gegenteils davon ausgehen, dass die Gestirne aufgrund von Alterung erlöschen und durch einen Zusammenstoss wieder erhellen. So verhält sich die Transformationsweise bei den astralen Individualitäten. Durch welches andere Vorgehen könnten sie dem gewöhnlichen Gesetz der Veränderung gehorchen und sich der ewigen Ruhestellung entziehen? Laplace sagt: «Im Weltraum existieren obskure Körper, die nicht minder beachtlich und womöglich nicht minder zahlreich als die Sterne sind.» Diese Körper sind schlicht und einfach erloschene Sterne. Sind sie zu einem ewigen Leichendasein verurteilt? Und werden ausnahmslos alle lebenden sich ihnen für immer anschliessen? Wie besetzt man diese Vakanzen?

Der von Laplace – übrigens sehr vage – angegebene Ursprung der astralen Nebelflecken ist höchst unwahrscheinlich. Es sei eine Aggregation von Nebelflecken, verflüchtigter kosmischer Wolken, eine Aggregation, die sich im Weltraum unaufhörlich bildet. Aber wie? Der Weltraum ist überall, alles, was wir sehen, Kälte und Dunkelheit. Die Sternsysteme sind enorme

Massen von Materie: Woher kommen sie? Aus dem Nichts? Diese improvisierten Nebelflecken sind nicht akzeptabel.

Was die chaotische Materie betrifft, hätte sie sich im 19. Jahrhundert nicht wieder zeigen sollen. Nirgends hat jemals auch nur die Spur von Chaos existiert und das wird auch nie irgendwo so sein. Die Organisation des Universums ist für alle Ewigkeit. Sie hat sich nie auch nur geringfügig geändert und macht nie eine Ruhepause. Es gibt kein Chaos, sogar auf diesen Schlachtfeldern, wo Milliarden von Sternen zusammenstossen und während Jahrhunderten in Flammen aufgehen, um aus den Toten wieder Lebende zu machen. Das Gesetz der Anziehung präsidiert diese überwältigende Erneuerung mit der gleichen Strenge wie die friedlichsten Entwicklungen des Mondes. Diese Naturkatastrophen sind in den Bezirken des Universums selten, denn die Geburten können die Todesfälle im Standesamt der Unendlichkeit nicht überschreiten und seine Bewohner sind mit einer schönen Langlebigkeit gesegnet. Die auf ihrem Reiseweg frei liegende Weite ist mehr als hinreichend für ihr Dasein und die Stunde des Todes schlägt lange vor dem Ende der Durchquerung. Der Unendlichkeit mangelt es weder an Raum, noch an Zeit. Sie verteilt ihren Völkern einen gerechten und grossen Anteil. Wir wissen nichts von der gewährten Zeit, aber vom Raum kann man sich durch die Distanz unserer Nachbarn, der Sterne, eine Idee bilden.

Der minimale Abstand, der uns von ihnen trennt, beträgt zehn Milliarden Meilen, ein Abgrund. Ist das nicht ein prächtiger Weg, der auch geräumig genug ist, um in aller Sicherheit zu wandern? Unsere Sonne hat ihre Flanken gesichert. Ihr Wirkungsfeld berührt wahrscheinlich jenes der nächsten Anziehungen. Für die Schwerkraft gibt es keine neutralen Felder. Hier mangelt es uns an Daten. Wir kennen unser Umfeld. Es wäre interessant, jene dieser Lichtstätten zu ermitteln, deren Anziehungsfelder an unsere grenzen, und sie rund um es herum einzuräumen, genau wie man eine Eisenkugel zwischen anderen Eisenkugeln einschliesst. Unser Gebiet im Universum wäre somit katastriert. Dieses Unternehmen ist unmöglich, sonst wäre es schon durchgeführt worden. Leider werden wir nicht auf Jupiter oder Saturn Parallaxen ausmessen.

Unsere Sonne bewegt sich, das ist aufgrund ihrer Rotationsbewegung unbestreitbar. Sie bewegt sich zusammen mit Tausenden und vielleicht Millionen von Sternen, die uns umhüllen und Teil unserer Armee sind. Sie reist seit Jahrhunderten und wir wissen nichts von ihrem vergangenen, gegenwärtigen oder zukünftigen Reiseplan. Die historische Ära der Menschheit hat schon sechstausend Jahre gedauert. Schon damals observierte man in Ägypten. Abgesehen von einer Bewegung der Tierkreiskonstellationen, die der Präzession der Äquinoktien geschuldet war, konnte keine Veränderung im Erscheinungsbild des Himmels festgestellt werden. In sechstausend Jahren hätte unser System seinen Weg in irgendeine Richtung fortsetzen können.

Sechstausend Jahre, das sind für einen armseligen Läufer wie unseren Planeten ein Fünftel des Weges bis zu Sirius. Kein einziges Indiz, nichts. Die Annäherung in Richtung der Herkules-Konstellation bleibt eine Hypothese. Wir sind hier erstarrt, genau wie die Sterne. Und doch sind wir mit ihnen unterwegs in Richtung des gleichen Zieles. Sie sind unsere Zeitgenossen, unsere Reisegefährten, und daher kommt womöglich ihre anscheinende Bewegungslosigkeit: Wir bewegen uns gemeinsam fort. Der Weg wird lange sein, die Zeit ebenfalls, bis zur Stunde der Altersschwächen, dann der Toten und schliesslich der Wiederauferstehungen. Doch in Anbetracht der Unendlichkeit sind diese Zeit und dieser Weg ein ganz kleiner Punkt und nicht einmal eine Tausendstel Sekunde. Die Unendlichkeit unterscheidet nicht zwischen dem Stern und der Eintagsfliege. Was sind diese Milliarden von Sonnen, die durch Jahrhunderte und den Raum aufeinanderfolgen? Ein Funkenregen. Dieser Regen befruchtet das Universum.

Deshalb vollendet sich die Erneuerung der Welten durch den Zusammenstoss und die Verflüchtigung der dahingeschiedenen Sterne während jeder Minute in den Feldern der Unendlichkeit. Diese gigantischen Umstürze sind gleichzeitig zahllos und selten, je nachdem, ob man das Universum oder nur eine seiner Regionen betrachtet. Welches andere Mittel könnte sie für die Aufrechterhaltung des allgemeinen Lebens ersetzen? Die kometenartigen Nebelflecken sind Phantome, die astralen Nebelflecken, von denen man nicht weiss, wie sie sich sammeln, Schimären. Nichts existiert in der Weite ausser die kleinen und grossen Sterne, Kinder, Erwachsene oder Tote, und ihre ganze Existenz ist auf dem neuesten Stand. Als Kinder sind sie verflüchtigte Nebelflecken; als Erwachsene Sterne und ihre Planeten; als Tote finstere Leichen.

Die Wärme, das Licht, die Bewegung sind Kräfte der Materie und nicht die Materie selbst. Die Anziehungskraft, welche so viele Milliarden an Planeten in ein endloses Rennen stürzt, könnte nicht ein einziges Atom hinzufügen, doch sie ist die grosse befruchtende Kraft, die unerschöpfliche Kraft, die von keiner Verschwendungssucht aufgebraucht werden kann, denn sie ist die gemeinsame und permanente Eigenschaft der Körper. Sie ist es, welche die ganze Himmelsmechanik in Bewegung setzt, und die Welten in endlose Reisereien schleudert. Sie ist reich genug, um der Wiederbelebung der Gestirne die Bewegung zu liefern, welche der Zusammenstoss in Wärme verwandelt.

Das Aufeinandertreffen dieser Sternleichen, die bis zur Auferstehung zusammenstossen, scheint bereitwillig eine Störung der Ordnung zu sein. Eine Störung! Doch was geschähe, würden die alten toten Sonnen mit ihren Kränzen verschiedener Planeten ihren jede Nacht mit neuen Beerdigungen verlängerten Trauerzug unbestimmt fortsetzen? All diese Licht- und Lebensquellen, die am Himmelsgewölbe glänzen, würden eine nach der anderen erlöschen wie die Lampions einer Beleuchtung. Die ewige Nacht würde über das Universum hereinbrechen.

Die hohen Anfangstemperaturen der Materie können keine andere Quelle haben als die Bewegung, eine permanente Kraft, der alle anderen entstammen. Dieses erhabene Werk, die Entfaltung einer Sonne, gehört einzig und allein der Königin der Kräfte. Jeder andere Ursprung ist unmöglich. Allein die Schwerkraft erneuert die Welten, genau wie sie sie durch die Bewegung auch lenkt und aufrechterhält. Das ist schon fast eine instinktive Wahrheit, nicht minder bestätigt durch das Räsonnement und die Erfahrung.

Die Erfahrung sehen wir jeden Tag mit eigenen Augen, nur wir können beobachten und Schlüsse daraus ziehen. Was ist ein Meteorstein, der in Flammen aufgeht und sich verflüchtigt, indem er die Luft durchzieht, wenn nicht das verkleinerte Bild der Schöpfung einer Sonne durch die in Wärme verwandelte Bewegung? Stellt dieser zur Invasion der Atmosphäre von seinem Kurs abgebrachte Korpuskel nicht auch eine Störung dar? Was hatte er dort schon normales zu tun? Und in diesem Schwarm von Asteroiden, die mit Planetengeschwindigkeit auf dem Weg ihrer Umlaufbahn dahineilen, warum verirrt sich nur einer und nicht alle in Abwege? Wo ist in alledem die gute Regierungsführung?

Es gibt nicht einen Punkt, wo diese angebliche Harmonie nicht stets gestört wird, sie wäre Stillstand und schon bald Zersetzung. Die Gesetze der Schwerkraft haben Millionen unerwarteter Konsequenzen, woraus hier eine Sternschnuppe hervorquillt, da ein Stern, der Sonne ist. Warum sollte man sie aus der allgemeinen Harmonie verbannen? Diese Unfälle missfallen und wir sind daraus entstanden! Sie sind die Gegenspieler des Todes, die stets offenen Quellen des universellen Lebens. Durch eine permanente Verletzung ihrer guten Ordnung rekonstruiert die Schwerkraft die Planeten und bevölkert sie neu. Die gepriesene gute Ordnung würde sie im Nichts verschwinden lassen.

Das Universum ist ewig, die Gestirne sind vergänglich, und da sie die gesamte Materie bilden, hat jedes von ihnen Milliarden von Existenzen durchlebt. Die Schwerkraft mischt sie, durchknetet sie ohne Unterbruch durch ihre auferweckenden Zusammenstösse, sodass nicht ein einziges von ihnen nicht aus dem Staub aller anderen besteht. Jeder von uns begangene Fussbreit Boden ist Teil des gesamten Universums gewesen. Doch er ist nur ein stummer Zeuge, der nicht erzählt, was er in der Ewigkeit gesehen hat.

Die Spektralanalyse hat durch die Aufdeckung der Präsenz mehrerer einfacher Körper in den Sternen nur einen Teil der Wahrheit ausgesprochen. Sie spricht den Rest langsam aber sicher mit dem Fortschritt der Versuche aus. Zwei wichtige Bemerkungen. Die Dichten unserer Planeten sind verschieden. Doch jene der Sonne ist die sehr präzise proportionale Zusammenfassung davon und dadurch bleibt sie die getreuliche Repräsentantin des ursprünglichen Nebelflecks. Das gleiche Prinzip gilt wahrscheinlich für alle anderen Sterne. Wenn sich die Gestirne durch ein astrales Aufeinandertreffen verflüchtigen, vermischen sich alle Substanzen in einer gasförmigen Masse, die aus dem Zusammenstoss entsteht. Dann ordnen sie sich langsam, gemäss den Gesetzen der Schwerkraft, durch die Organisationsarbeit des Nebelflecks.

In jedem Sternsystem müssen sich die Dichten also gemäss der gleichen Ordnung abstufen, damit die Planeten sich gleichen, nicht wenn sie zur gleichen Sonne gehören, sondern wenn ihr Platz in allen Gruppen der gleiche ist. Tatsächlich besitzen sie dann gleiche Bedingungen bezüglich Wärme, Licht und Dichte. Was die Sterne betrifft, ist ihre Beschaffenheit gewiss gleich, denn sie reproduzieren Mischungen, die milliardenfach dem Zusammenstoss und der Verflüchtigung entstammen. Die Planeten hingegen repräsentieren die durch den Unterschied und die Anordnung der Dichten vollendete Sortierung. Die unendlich zubereitete Mischung der astralen und planetarischen Elemente ist weitaus vollendeter und vertraulicher als jene der Drogen, welche hundert Jahre dem kontinuierlichen Stampfer dreier Generationen von Apothekern anvertraut würde.

Doch ich höre Stimmen, die rufen: «Woher nimmt man sich das Recht, im Himmel unter dem Vorwand der Erneuerung von diesem ewigen, die Gestirne verzehrenden Sturm auszugehen, der die Regularität der Schwerkraft auf dermassen merkwürdige Art und Weise dementiert? Wo sind die Beweise für diese Zusammenstösse, für diese auferweckenden Umstürze? Die Menschen haben die imposante Majestät der Himmelsbewegungen stets bewundert und nun möchte man eine derart schöne Ordnung mit permanenter Unordnung ersetzen! Wer hat je irgendwo das geringste Symptom eines derartigen Tohuwabohus wahrgenommen?

Die Astronomen verkünden einmütig die Unveränderlichkeit der Anziehungsphänomene. Alle sind sie sich einig, dass sie ein Garant für Stabilität und Sicherheit ist, und plötzlich kommen Theorien auf, die behaupten, sie sei ein Instrument für Naturkatastrophen. Die Erfahrung von Jahrhunderten und die Bezeugung des Universums verwerfen derartige Halluzinationen energisch.

Die in den Sternen bisher beobachteten Veränderungen sind fast alle nur periodische Irregularitäten und somit kann die Idee der Katastrophe ausgeschlossen werden. Dem Stern der Konstellation Cassiopeia 1572, sowie jenem Keplers 1604 waren nur ein vorläufiges Leuchten vergönnt, ein Umstand, der mit der Hypothese einer Verflüchtigung unvereinbar ist. Das Universum zeigt sich sehr ruhig und geht auf leisen Sohlen seinen Weg. Seit fünf- bis sechstausend Jahren hat die Menschheit das Spektakel des Himmels. Sie hat darin keine ernsthafte Störung festgestellt. Die Kometen haben stets nur geängstigt, ohne zu verletzen. Sechstausend Jahre, das ist schon etwas! Genau wie das Feld des Teleskops. Weder die Zeit, noch die Weite haben irgendwelche Anzeichen gezeigt. Diese gigantischen Umstürze sind erträumt.

Wir haben nichts gesehen, das ist wahr, doch weil wir nichts sehen können. Obwohl diese Szenen in der Weite gängig sind, haben sie nirgends Publikum. Die an den Lichtgestirnen gemachten Beobachtungen betreffen nur die Sterne unserer Himmelsprovinz, die Zeitgenossen und Gefährten unserer Sonne, die somit mit ihrem Schicksal verbunden sind. Man kann nicht von der Stille unserer Gegenden auf die monotone Ruhe des Universums schliessen. Die erneuernden Umstürze haben nie Zeugen. Wenn man sie wahrnimmt, dann durch ein Fernrohr, das sie uns in Form eines fast nicht wahrnehmbaren

Lichtscheins zeigt. Das Teleskop enthüllt Tausende davon auf diese Art und Weise. Wenn unsere Provinz wieder an der Reihe ist, zur Bühne dieser Dramen zu werden, werden die Bevölkerungen schon seit langem umgezogen sein.

Die Zwischenfälle von Cassiopeia 1572, der Keplerstern 1604 sind nur zweitrangige Phänomene. Man ist frei, sie einer Eruption von Wasserstoff oder dem Fall eines Kometen zuzuschreiben, eines Kometen, allen sein wird wie ein Glas Öl oder Alkohol in die Feuersglut, indem er darin eine Explosion kurzlebiger Flammen hervorruft. In diesem letzten Fall wären die Kometen ein brennbares Gas. Wer weiss es und ist es von Belang? Newton glaubte, dass sie die Sonne nähren. Wollen wir die Hypothese verallgemeinern und diese vagabundierenden Perücken als ordnungsgemässe Nahrung der Sterne betrachten? Magere Gewohnheitskost! Unfähig, die Fackeln dieser Welt zu entzünden.

Die Frage der Geburt und des Todes der Lichtgestirne bleibt also immer noch offen. Wer mag sie wohl entzündet haben? Und wenn sie aufhören, zu glänzen, wer ersetzt sie? Nicht ein einziges Atom kann aus der Materie entstehen und wenn sich die dahingeschiedenen Sterne nicht neu entzünden, erlischt das Universum. Ich nehme die Herausforderung an, dieses Dilemma zu überwinden: «Entweder die Wiederauferstehung der Sterne, oder der universelle Tod…» Ich wiederhole es zum dritten Mal. Doch die Sternwelt ist lebendig, sehr lebendig, und da jeder Stern im allgemeinen Leben nicht länger dauert als ein Blitz, haben alle Gestirne schon Milliarden Male geendet und neu begonnen. Ich erläutere, wie. Nun, man findet die Idee der Kollisionen zwischen jenen Planeten aussergewöhnlich, welche den Weltraum mit der Heftigkeit des Blitzes durchstreifen. Einzig diese Verwunderung ist aussergewöhnlich. Denn diese

Planeten huschen aneinander vorbei und verhindern den Zusammenstoss nur mittels Umwegen. Die findet man nicht immer. Wer sich sucht, findet einander.

Von all dem, was vorhergeht, kann man auf die Einheit der Zusammensetzung des Universums schliessen, was nicht bedeutet, dass man «auf die Einheit der Substanz» schliessen kann. Die 64, oder, sagen wir, 100 *einfachen Körper*, die unsere Erde bilden, bilden auch alle Planeten, ohne Unterscheidung, mit Ausnahme der Kometen, die ein unverständlicher und interesseloser Mythos bleiben und die übrigens keine Planeten sind. Die Natur kennt also hinsichtlich ihrer Materialien kaum Varietät. Es ist wahr, dass sie sie zu nutzen weiss, und wenn man ihr zusieht, wie sie aus zwei einfachen Körpern, Wasser- und Sauerstoff, abwechselnd Feuer, Wasser, Dampf und Eis macht, ist man irgendwie verblüfft. Die Chemie weiss viel von diesem Gegenstand, wenn sie auch noch weit davon entfernt ist, alles zu wissen. Trotz dieser Kraft sind allerdings hundert Elemente ein sehr geringer Spielraum, wenn die Baustelle unendlich ist. Kommen wir zum Sachverhalt.

Alle Himmelskörper, ohne Ausnahme, haben einen gemeinsamen Ursprung, die Entzündung durch Zusammenstoss. Jeder Stern ist ein Sonnensystem, der einem in einem Zusammentreffen verflüchtigten Nebelfleck entstammt. Er ist der Mittelpunkt einer bereits gebildeten oder sich bildenden Gruppe von Planeten. Die Rolle des Sterns ist simpel: Licht- und Wärmestätte, die sich entzündet, glänzt und erlischt. Gefestigt durch die Abkühlung besitzen einzig und allein die Planeten das Privileg des organischen Lebens, das seine Quelle aus der Wärme und dem Licht der Stätte schöpft und mit ihr erlischt. Die Zusammensetzung und der Mechanismus aller Gestirne sind identisch. Nur die Masse, die Form und die Dichte variieren.

Das gesamte Universum ist auf diesem Plan aufgebaut, es bewegt sich und lebt gemäss demselben. Es gibt nichts, das gleichförmiger wäre.

VII. Analyse und Synthese des Universums

Hier betreten wir rechtmässig die Obskurität der Sprache, denn hier eröffnet sich die finstere Frage. Man begrapscht die Unendlichkeit nicht mit dem Wort. Es soll also erlaubt sein, sich mehrere Male zu verbessern, wenn man versucht, sie zu denken. Die Notwendigkeit entschuldigt Wiederholungen.

Die erste Unannehmlichkeit ist die Tatsache, mit einer reichen Arithmetik konfrontiert zu sein, sehr reich hinsichtlich den Begriffen der Anzahl, ein Reichtum, der unglücklicherweise in seinen Formen ziemlich lächerlich ist. Trillionen, Quadrillionen, Sextillionen usw. sind grotesk und zudem sind sie für die meisten Leser weniger aussagekräftig als ein gewöhnlicher Begriff, an welchen wir gewöhnt sind und welcher der Ausdruck schlechthin für grosse Mengen ist: *Milliarde*. In der Astronomie ist dieses Wort allerdings nicht gar viel und im Vergleich zur Unendlichkeit annähernd Null. Leider bekommt die Feder eben genau von der Unendlichkeit ihre Autorität; sie lügt also über das Mögliche hinausgehend, sie lügt sogar noch, wenn es schlicht und einfach um *Unbestimmtheit* geht. Auf den folgenden Seiten mangelt es allen Zahlen, der einzig verfügbaren Sprache, an Genauigkeit oder sie sind sinnfrei. Das ist weder ihr, noch mein Fehler, sondern jener der Thematik. Die Arithmetik geziemt sich nicht dazu.

Die Natur hat also hundert *einfache Körper* zur Hand, um all ihre Werke zu bilden und sie in eine einheitliche Form zu giessen: «Das Stern- und Planetensystem». Es gibt ausser Sternsystemen nichts herzustellen und hundert *einfache Körper* für alle Materialien, das bedeutet viel Arbeit mit wenig Werkzeug. Mit einem derart monotonen Plan und einer derart geringen Vielfalt an Elementen ist es freilich nicht einfach, verschiedene Kombinationen zu erzeugen, die genügen, um die Unendlichkeit zu bevölkern. Das Zurückgreifen auf Wiederholungen wird unvermeidbar.

Man behauptet, die Natur wiederhole sich nie und dass es nicht zwei ähnliche Menschen oder Blätter gebe. Das ist allenfalls hinsichtlich der Menschen auf unserer Erde möglich, deren eher beschränkte Anzahl sich auf mehrere Rassen verteilt. Doch es gibt Tausende genau gleiche Eichenblätter und Milliarden genau gleicher Sandkörner.

Ganz bestimmt können die hundert *einfachen Körper* eine beängstigende Anzahl verschiedener Kombinationen an Stern- und Planetensystemen liefern. Die X und Y könnten dieser Berechnung nur mit grosser Schwierigkeit beikommen. Alles in allem ist diese Zahl nicht einmal unbestimmt, sondern endlich. Sie hat eine feste Grenze. Ist sie einmal erreicht, ist jegliches Weitergehen verboten. Diese Grenze wird zu jener des Universums, das somit nicht unendlich ist. Die Himmelskörper würden, trotz ihrer komischen Unzahl, nur einen Punkt im Weltraum einnehmen. Ist das akzeptabel? Die Materie ist ewig. Wir können nicht auch nur einen einzigen Moment konzipieren, wo sie sich nicht zu regulären Planeten geformt hat, die den Gesetzen der Schwerkraft unterstellt sind, und dieses Privileg soll das Attribut einiger inmitten der Leere verlorener Entwürfe sein! Eine Bruchbude in der Unendlichkeit! Das ist absurd.

Wir setzen die Unendlichkeit des Universums als Prinzip, als Konsequenz der Unendlichkeit des Weltraumes.

Doch die Natur ist dem Unmöglichen nicht verpflichtet. Die überall sichtbare Gleichförmigkeit ihrer Methode dementiert die Hypothese unendlicher, ausschliesslich originaler Schöpfungen. Die Zahl ist rechtmässig aufgrund der sehr endlichen Anzahl an einfachen Körpern darauf beschränkt. Es sind gewissermassen *Typen-Kombinationen*, deren unendliche Wiederholung die Weite ausfüllen. *Verschieden, differenziert, unterschiedlich, wesentlich, original, besonders,* all diese Worte drücken die gleiche Idee aus, sind für uns Synonyme für *Typen-Kombinationen*. Die Festlegung ihrer Anzahl wäre eine Aufgabe der Algebra, würde das Problem in seiner Art nicht unbestimmt, anders gesagt unlösbar bleiben aufgrund eines Mangels an Daten. Diese Unbestimmtheit ist übrigens nicht gleichbedeutend mit der Unendlichkeit und man kann auch nicht aus ihr auf sie schliessen. Jeder der *einfachen Körper* ist gewiss eine unendliche Menge, denn sie bilden alleine die gesamte Materie. Was aber nicht unendlich ist, ist die Mannigfaltigkeit dieser Elemente, die hundert nicht übersteigt. Wären es auch tausend, obwohl sie das nicht sind, die Anzahl der *Typen-Kombinationen* würde sich bis ins Fabelhafte vergrössern, doch sie könnte die Unendlichkeit nicht erreichen, würde gegenüber ihrer Anwesenheit unbedeutend bleiben. Man kann also ihre Ohnmacht als bewiesen erachten, die Weite mit *originalen Typen* zu bevölkern.

Es bleibt dieser gesicherte Punkt: Das Universum hat die Gruppe der *Sterne und Planeten* als organische Einheit, oder einfach der *Sterne*, oder der *Planeten*, oder auch der *Sonnen*, vier gleichermassen angemessene Bezeichnungen mit der gleichen Bedeutung. Es ist gänzlich aus einer unendlichen Reihe dieser

Systeme gebildet, die alle einem verflüchtigten Nebelfleck entstammen, der sich zu Sonnen und Planeten verdichtet hat. Diese letzteren Körper, die sukzessive abkühlen, drehen sich um die zentrale Stätte, deren enorme Masse sie brennend hält. Sie müssen sich also in der Grenze der Anziehung ihrer Sonne bewegen und können übrigens die Kreislinie jenes ursprünglichen Nebelflecks, der sie hervorgebracht hat, nicht überschreiten. Ihre Anzahl ist dadurch sehr beschränkt. Sie hängt von der ursprünglichen Grösse des Nebelflecks ab. Wir zählen deren neun, Merkur, Venus, die Erde, Mars, der gescheiterte Planet, der von seinen Bruchstücken repräsentiert wird, Jupiter, Saturn, Uranus, Neptun. Sagen wir, durch die Aufnahme drei unbekannter, etwa ein Dutzend. Ihr Abstand vergrössert sich dermassen schnell, dass es schwierig wird, die Grenzen unserer Gruppe weiter auszudehnen.

Die anderen Sternsysteme variieren wahrscheinlich in ihrer Grösse, aber in Proportionen, die durch die Gesetze des Gleichgewichts stark begrenzt sind. Man nimmt an, dass Sirius hundertfünfzig mal grösser ist als unsere Sonne. Was wissen wir davon? Es gibt bis anhin nur problematische Parallaxen ohne Wert. Zudem vergrössert das Teleskop die Sterne nicht, nur das Auge kann sie beurteilen und nur Erscheinungen berechnen, die von verschiedenen Ursachen abhängen. Es ist also nicht ersichtlich, auf welcher Grundlage es erlaubt wäre, ihnen verschiedene Grössen und überhaupt Grössen zuzuschreiben. Es sind Sonnen, das ist alles. Wenn unsere über maximal zwölf Gestirne regiert, wieso sollten ihre Kolleginnen nicht über viel grössere Königreiche verfügen? «Wieso nicht?», kann man antworten. Und tatsächlich sind die Antwort und die Frage gleichwertig.

Gestehen wir ihnen diese also zu. Die Ursachen der Verschiedenheit bleiben immer noch ziemlich schwach. Auf was beruhen sie? Hauptsächlich auf den Massenunterschieden der Nebelflecken, die zu entsprechenden Unterschieden in der Grösse und der Anzahl der Planeten aus ihrer Fabrik führen. Danach kommen die Unterschiede der Zusammenstösse, welche die Rotations- und Translationsgeschwindigkeiten modifizieren, die Abplattung der Pole, die Neigungen der Achse auf der Ekliptik usw.

Erwähnen wir auch die Ursachen der Ähnlichkeit. Gleichheit der Ausformung und des Mechanismus: ein Stern, eine Verdichtung eines Nebelfleckes und Mittelpunkt mehrerer planetarischer Umlaufbahnen, die gemäss gewissen Intervallen abgestuft sind, das ist die gemeinsame Grundlage. Zudem bringt die Spektralanalyse die Einheit der Zusammensetzung der Himmelskörper ans Licht. Die gleichen traulichen Elemente überall; das Universum ist nur ein Ensemble an gewissermassen durch Fleisch und Blut vereinigten Familien. Die gleiche Materie, gemäss der gleichen Methode und der gleichen Ordnung klassifiziert und organisiert. Gleiche Grundlage und Regierung. Das ist es, was die Unähnlichkeiten besonders zu begrenzen und den *Menaechmi* das Tor weit zu öffnen scheint. Trotzdem können diese Gegebenheiten, wiederholen wir es, zu *verschiedenen* Kombinationen von Planetensystemen in unvorstellbarer Anzahl führen. In unendlicher Anzahl? Nein, denn sie werden mit hundert *einfachen Körpern* gebildet, eine unmerkliche Zahl.

Die Unendlichkeit gehört zur Geometrie und hat nichts mit der Algebra zu tun. Die Algebra ist manchmal ein Spiel; die Geometrie nie. Die Algebra wühlt blind, wie der Maulwurf. Erst am Ende dieses tastenden Rennens findet sie ein Resultat, das häufig eine schöne Formel, manchmal eine Mystifizierung ist. Die Geometrie betritt nie die Schattenwelt, sie hält unsere Augen auf die drei Dimensionen gerichtet, welche keine Sophismen und Taschenspielertricks zulassen. Sie sagt uns: Schaut diese Tausenden von Planeten an, ein geringer Winkel des Universums, und erinnert euch an ihre Geschichte. Ein Umsturz hat sie der Brust des Todes entrissen und in den Weltraum geworfen, diese immensen Nebelflecken, Ursprung einer neuen Milchstrasse. Durch die eine werden wir das Schicksal aller kennen.

Der auferweckende Zusammenstoss hat alle *einfachen Körper* durcheinandergebracht, indem er sie verflüchtigt hat. Die Verdichtung hat sie erneut getrennt, sie dann gemäss den Gesetzen der Schwerkraft geordnet, sowohl auf jedem Planeten, als auch in der gesamten Gruppe. Die leichten Teile herrschen bei den exzentrischen Planeten vor, die dichten bei den zentralen. Daraus geht für die Proportion der einfachen Körper und sogar für die totale Masse der Planeten eine notwendige Tendenz hin zur Ähnlichkeit zwischen den Planeten gleichen Ranges aller Sternsysteme hervor; fortschreitende Grösse und Leichtigkeit, von der Hauptstadt hin zu den Grenzen; immer ausgeprägtere Kleinheit und Dichte, von den Grenzen hin zur Hauptstadt. Die Schlussfolgerung schimmert durch. Schon die Gleichförmigkeit der Erschaffungsweise der Gestirne und die Gemeinschaft ihrer Elemente implizierten zwischen ihnen mehr als brüderliche Ähnlichkeiten. Diese wachsenden Paritäten der Beschaffenheit müssen natürlich auf eine Frequenz der Identität hinauslaufen. Die *Menaechmi* werden zu Doppelgängern.

Das ist unser Ausgangspunkt, um die Begrenzung der *differenzierten* Kombinationen der Materie und, als Konsequenz davon, ihre Ungenügsamkeit zur Streuung von Himmelskörpern in den Feldern der Weite zu bekräftigen. Diese Kombinationen haben trotz ihrer Vielzahl ein Ende und müssen sich somit wiederholen, um die Unendlichkeit zu erreichen. Die Natur hat für jedes ihrer Werke eine Auflage von Milliarden. In der Beschaffenheit der Gestirne stellen die Ähnlichkeit und die Wiederholung die Regel, die Unähnlichkeit und die Verschiedenheit die Ausnahme dar.

Wenn man sich mit diesen Vorstellungen bezüglich der Anzahl auseinandersetzt, wie könnten sie formuliert werden, wenn nicht mit Zahlen, ihrem einzigen Dolmetscher? Doch diese zwangsläufigen Dolmetscher sind hier unzuverlässig oder ohnmächtig; unzuverlässig bezüglich der *Typen-Kombinationen* der Materie, deren Anzahl begrenzt ist; ohnmächtig und leer, sobald man von den *unendlichen Wiederholungen* dieser Kombinationen spricht. Im ersten Fall, jenem der ursprünglichen oder Typen-Kombinationen, sind die Zahlen willkürlich, vage, zufällig, nicht einmal annähernd von Wert. Tausend, hunderttausend, eine Million, eine Trillion usw., stets falsch, aber schlicht und einfach mehr oder weniger falsch. Im zweiten Fall hingegen, jenem der unendlichen Wiederholungen, wird jegliche Zahl zu einem absoluten Unsinn, denn sie will ausdrücken, was nicht ausgedrückt werden kann.

In Tat und Wahrheit kann es sich nicht um wirkliche Zahlen handeln: Sie sind für uns nichts weiter als eine Redewendung. Es gibt nur zwei streitende Parteien, die *Endlichkeit* und die *Unendlichkeit*. Unsere These besagt, dass die hundert einfachen Körper sich nicht zur Bildung von *unendlichen ursprünglichen* Kombinationen eignen. Es wird also im Grunde nur ein Kampf zwischen der durch unbestimmte Zahlen repräsentierten

Endlichkeit und der durch eine konventionelle Zahl repräsentierten Unendlichkeit sein.

Die *Himmelskörper* können somit in *Originale* und *Kopien* eingeteilt werden. Die *Originale*, das sind die Gesamtheit der Planeten, von welchen jeder einen Spezialtypus darstellt. Die *Kopien*, das sind die *Wiederholungen*, *Exemplare* oder *Abzüge* dieses Typen. Die Anzahl der *Originaltypen* ist beschränkt, jene der *Kopien* oder Wiederholungen unendlich. Durch letztere konstituiert sich die Unendlichkeit. Jeder Typus hat hinter sich eine Armee von Doppelgängern, deren Anzahl unbegrenzt ist.

Für die erste Klasse oder Kategorie, jene der *Typen*, können die verschiedenen nach Belieben eingesetzten Zahlen nicht genau sein und werden es nie sein; sie bedeuten schlichtweg *viel*. Für die zweite Klasse, die *Kopien*, *Wiederholungen*, *Exemplare*, *Abzüge* (all diese Worte sind Synonyme) wird nur der Begriff *Milliarde* gebraucht werden; er wird die *Unendlichkeit* bezeichnen. Man könnte sich vorstellen, dass die Gestirne in unendlicher Anzahl existieren und sie alle ein und denselben *Typen* reproduzieren. Gehen wir einen Moment davon aus, dass alle materiellen und ureigenen Sternsysteme eine getreue Nachahmung des unseren sind, Planet für Planet, ohne den geringsten Unterschied. Diese Sammlung an *Kopien* würde allein die Unendlichkeit bilden. Es gäbe für das gesamte Universum nur einen *Typus*. Selbstverständlich ist dem überhaupt nicht so. Die Anzahl der *Typen-Kombinationen* ist, obwohl *endlich*, unberechenbar.

Gestützt auf die vorhergehenden Tatsachen und Überlegungen bekräftigt unsere These, dass die Materie die Unendlichkeit in der Diversität der Sternkombinationen nicht erreichen könnte. Oh! Falls die ihr zu Verfügung stehenden Elemente selbst von einer unendlichen Varietät wären, wenn man sich hätte überzeugen können, dass die fernen Gestirne mit unserer Erde und ihrer Zusammensetzung nichts gemeinsam haben, dass die Natur überall mit dem Unbekannten arbeitet, hätte man ihr die Unendlichkeit nach Belieben zugestehen können. Weiter dachten wir schon vor dreissig Jahren, dass unser Planet, aufgrund der Unendlichkeit der Himmelskörper, in Tausenden Exemplaren existieren muss. Nur war diese Meinung eine Angelegenheit des Instinkts und stützte sich nur auf die Gegebenheit der *Unendlichkeit*. Die Spektralanalyse hat die Situation komplett verändert und der sich auf sie stürzenden Realität die Tore geöffnet.

Die Illusion über die phantastischen Strukturen ist verflogen. Es gibt nirgends andere Materialien als die ungefähr hundert *einfachen Körper*, wovon uns zwei Drittel bekannt sind. Mit diesem kärglichen Sortiment muss das Universum rastlos gemacht und neu gemacht werden. Herr Haussmann hatte gleich viel davon zur Verfügung, um Paris neu zu bauen. Es waren die gleichen. Es ist nicht die Mannigfaltigkeit, die in den Bauwerken glänzt. Die Natur, die ebenfalls zerstört, um wieder aufzubauen, ist bezüglich ihrer Architektur etwas erfolgreicher. Sie weiss aus ihrer Mittellosigkeit einen derart reichhaltigen Nutzen zu ziehen, dass man zögert, bevor man der Originalität ihrer Werke einen Begriff zuweist.

Grenzen wir das Problem ein. Nehmen wir an, dass alle Sternsysteme die gleiche Lebensdauer haben, hundert Billionen Jahre zum Beispiel, stellen wir uns auch hypothetisch vor, dass sie zusammen auf die Minute genau beginnen und aufhören. Man weiss, dass sich all diese Gruppen, die sich gewissermassen Blut, Fleisch und Knochen teilen, auch durch die gleiche Methode entwickeln. In den verschiedenen Systemen ordnen sich die Planeten symmetrisch, gemäss der Traulichkeit ihrer Ähnlichkeit, und diese Ähnlichkeiten drängen sie zusammen zur Gleichheit. Werden hundert *einfache Körper*, einmalige und übliche Materialien eines zutiefst solidarischen Ganzen, fähig sein, eine *unterschiedliche* und *besondere* Kombination für jeden Planeten zu liefern, d.h. eine unendliche Anzahl *unterschiedlicher Originale*? Gewiss nicht, denn die Verschiedenheiten jeglicher Art, welche die Kombinationen variieren, hängen von einer sehr beschränkten Anzahl ab, *hundert*. Die *differenzierten* oder *typischen* Gestirne beschränken sich deshalb auf eine begrenzte Zahl und die Unendlichkeit der Planeten kann nur aus der Unendlichkeit der *Wiederholungen* entstehen.

Somit sind die ursprünglichen Kombinationen also ausgeschöpft, ohne dass sie die Unendlichkeit erreichen konnten. Eine Unzahl von verschiedenen Stern- und Planetensystemen sind in einer Provinz der Weite unterwegs, denn sie könnten nur eine Provinz bevölkern. Wird es die Materie dabei belassen und als Punkt im Himmel angesehen werden? Oder sich mit tausend, zehntausend, hunderttausend Punkten begnügen, welche ihre Sphäre um eine Belanglosigkeit vergrössern würden? Nein, ihre Berufung, ihr Gesetz ist die Unendlichkeit. Sie wird sich nicht von der Leere umfassen lassen. Der Weltraum wird nicht zu ihrem Kerker werden. Sie wird wissen, wie sie ihn heimsuchen kann, um ihn zu beleben. Warum wäre übrigens die Unendlichkeit nicht das universelle Privileg? Die Eigenschaft sowohl des Halms und der Mehlmilbe als auch des grossen Ganzen?

Das ist tatsächlich die Wahrheit, welche aus diesen Fragen hervorgeht. Rücken wir nun jene Hypothese zur Seite, welche die Demonstration hervorquellen liess. Es ist nicht erstaunlich, dass die Planetensysteme eine zeitgenössische Laufbahn liefern. Weit davon entfernt: Ihre jeweiligen Lebensalter verwickeln und verflechten sich in alle Richtungen und zu jedem Zeitpunkt, beginnend bei der in Glut getauchten Geburt des Nebelflecks bis zum Dahinscheiden des Sterns, bis zum auferweckenden Zusammenstoss.

Lassen wir die ursprünglichen Sternsysteme einen Moment beiseite, um uns spezifischer mit der Erde zu befassen. Wir werden sie später an eines von ihnen angliedern, an unser Sonnensystem, wovon sie Teil ist und das ihr Schicksal bestimmt. Man versteht, dass in unserer These der Mensch, genauso wenig wie die Tiere und die Dinge, als Privatperson in der Unendlichkeit existiert. Durch sich selbst ist er nur eine Eintagsfliege. Es ist der Planet, wovon er ein Kind ist, der ihn an seinem Diplom der Unendlichkeit in Zeit und Raum teilnehmen lässt. Jeder unserer Doppelgänger ist der Sohn einer Erde, die selbst Doppelgängerin der gegenwärtigen Erde ist. Wir sind Teil der Nachahmung. Die Erde als Doppelgängerin reproduziert detailgetreu alles, was sich auf unserer befindet, und demnach jedes Individuum mit seiner Familie, seinem Haus, falls er eines hat, allen Ereignissen seines Lebens. Es ist ein Duplikat unseres Planeten, Behälter und Inhalt. Nichts fehlt dabei.

Die Sternsysteme verteilen ihre Planeten rund um die Sonne in einer Ordnung, die von den Gesetzen der Schwerkraft geregelt wird, welche somit in jeder Gruppe analogen Schöpfungen einen symmetrischen Platz zuweisen. Die Erde ist von der Sonne ausgehend der dritte Planet und dieser Rang hat wahrscheinlich mit besonderen Grössen-, Dichten-, Sphären- und weiteren besonderen Bedingungen zu tun. Millionen von Sternsystemen ähneln freilich bezüglich der Anzahl und Anordnung der Gestirne dem unseren. Denn der Tross ist streng gemäss den Gesetzen der Schwerkraft angeordnet. In allen Gruppen von acht bis zwölf Planeten hat der dritte grosse Chancen, der Erde beträchtlich zu ähneln; allen voran bezüglich der Distanz zur Sonne, eine wesentliche Bedingung, die ihn gleichermassen an Wärme und Licht versorgt. Die Masse und die Menge, die Neigung der Achse auf der Ekliptik können variieren. Wenn aber der Nebelfleck mehr oder weniger unserem gleicht, darf man annehmen, dass die Entwicklung Schritt für Schritt den gleichen Lauf nimmt.

Gehen wir nichtsdestominder von Verschiedenheiten aus, welche die Annäherung auf eine schlichte Analogie beschränken. Man wird Erden dieser Art milliardenfach zählen müssen, bevor man einer vollständigen Ähnlichkeit begegnet. All diese Planeten werden wie wir stufenförmig ansteigende Gelände, eine Flora, eine Fauna, Meere, eine Atmosphäre, Menschen haben. Aber die Dauer der geologischen Perioden, die Verteilung der Wasserflächen, der Kontinente, der Inseln, der Tier- und Menschenrassen wird es in unzähligen Varietäten geben. Doch lassen wir das.

Eine Erde entsteht mit unserer Menschheit, sie lässt ihre Rassen, Wanderungen, Kämpfe, Imperien, Katastrophen ablaufen. All diese Peripetien werden ihre Bestimmungen verändern, sie auf Wege führen, welche nicht jene unseres Planeten sind. Jede Minute, jede Sekunde offeriert dieser Menschenart tausende verschiedener Richtungen. Sie wählt eine, sie verzichtet für immer auf die anderen. Wie stark doch die Unterschiede rechts und links die Individuen, die Geschichte verändern! Das ist noch nicht unsere Vergangenheit. Legen wir diese konfusen Abzüge beiseite. Sie werden trotzdem ihren Weg gehen und Welten sein.

Wir kommen jedoch an. Wir haben hier ein vollständiges Exemplar, Dinge und Menschen. Es gibt keinen Stein, keinen Baum, keinen Bach, kein Tier, keinen Menschen, keinen Zwischenfall, der nicht seinen Platz und seinen Moment im Duplikat gefunden hätte. Es ist eine wahrhafte Doppelgängererde, zumindest bis heute. Denn morgen werden die Ereignisse und die Menschen ihren Lauf nehmen. Das ist für uns nunmehr das Unbekannte. Die Zukunft unserer Erde, genau wie ihre Vergangenheit, wird millionenfach ihren Weg ändern. Die Vergangenheit ist eine vollendete Tatsache; es ist unsere. Die Zukunft wird erst zum Zeitpunkt des Todes des Planeten abgeschlossen sein. Bis dahin wird jede Sekunde ihre Weggabelung mit sich bringen, jenen Weg, welchen wir nehmen, jenen, welchen wir hätten nehmen können. Welcher es auch immer sein mag, jener, welcher die eigentliche Existenz des Planeten bis zu seinem letzten Tag komplettieren muss, ist schon milliardenfach gegangen worden. Er wird nur eine durch die Jahrhunderte vorgedruckte Kopie sein.

Die Ereignisse erschaffen die menschlichen Varianten nicht alleine. Welcher Mensch befindet sich nicht manchmal im Widerstreit zwischen zwei Laufbahnen? Jene, von welcher er sich abwendet, würde ihm ein durchwegs anderes Leben verschaffen, obwohl er die gleiche Individualität behalten würde. Die eine führt ins Elend, in die Scham, die Knechtschaft. Die andere führte zu Ruhm, zur Freiheit. Hier eine charmante Dame und das Glück; dort eine Furie und die Trostlosigkeit. Ich spreche von beiden Geschlechtern. Ob man zufällig oder wahlweise herausgreift, ist nicht von Bedeutung, man entkommt dem Schicksal nicht. Doch das Schicksal findet in der Unendlichkeit keine Verankerung, denn sie kennt die Alternative nicht und hat Platz für alles. Es existiert eine Erde, wo der Mensch jenem Weg folgt, welcher in der anderen von seinem

Doppelgänger verschmäht wird. Sein Dasein teilt sich, einen Planeten für jedes davon, dann teilt es sich ein zweites, ein drittes Mal, Tausende Male. Er besitzt somit komplette Doppelgänger und zahllose Varianten von Doppelgängern, die seine Person stets vervielfachen und repräsentieren, aber nur Fetzen seines Schicksals herausnehmen. Alles, was wir hier hätten sein können, sind wir irgendwo anders. Neben seinem ganzen Dasein, von der Geburt bis zum Tod, das wir auf einer Menge von Erden leben, leben wir zehntausend andere Ausgaben davon auf anderen Erden.

Die grossen Ereignisse unseres Planeten haben ihr Gegenstück, besonders wenn das Schicksal darin eine Rolle gespielt hat. Die Engländer haben vielleicht viele Male die Schlacht von Waterloo auf jenen Planeten verloren, wo ihr Gegner nicht den Fehler von Grouchy begangen hat. Es hat wenig dafür gebraucht. Bonaparte gewinnt hingegen anderswo nicht immer die Schlacht von Marengo, die hier ein glücklicher Zufall war. Ich höre Geschrei: «He! Welch Verrücktheit, die uns hier direkt aus dem Tollhaus serviert wird! Was, Milliarden von Exemplaren analoger Erden! Weitere Milliarden für annähernde Ähnlichkeiten! Hunderte von Millionen für die Dummheiten und Verbrechen der Menschheit! Dann Tausende von Millionen für individuelle Phantasien. Jede unserer guten oder schlechten Launen wird ein besonderes Planetenmuster zu ihrer Verfügung haben. Alle Kreuzungen des Himmels sind verstopft mit unseren Doubles!»

Nein, nein, diese Doubles bilden nirgends eine Masse. Sie sind gar sehr selten, obwohl sie Milliarden zählen, d.h. nicht mehr zählen. Unsere Teleskope, die ein ziemlich schönes Feld zurückzulegen haben, würden dort nicht eine einzige Ausgabe unseres Planeten entdecken, wenn sie auch sichtbar wäre.

Dieser Abstand müsste tausend oder vielleicht zehntausend Mal überwunden werden, bevor man die Gelegenheit für eine dieser Begegnungen hätte. Unter den tausend Millionen Sternsystemen, wer kann sagen, ob man eine einzige Reproduktion unserer Gruppe oder eines ihrer Mitglieder finden würde? Und trotzdem ist die Anzahl davon unendlich. Wir sagten am Anfang: «Wenn auch jedes Wort einen Wink in Richtung der schauerlichsten Entfernung darstellen mag, so sprächen wir von Milliarden von Milliarden von Jahrhunderten mit einem Wort pro Sekunde, um letztendlich nur eine Belanglosigkeit auszudrücken, sobald es um die Unendlichkeit geht.»

Dieser Gedanke findet hier seine Anwendung. Als *besondere Typen* hat jeder ein einziges Exemplar, die Myriaden an irgendeinen *Unterschied* aufweisenden Erden wären nur ein Punkt im Weltraum. Jede von ihnen muss *unendlich* wiederholt werden, um als irgendetwas zu zählen. Die Erde als exakte Doppelgängerin unserer, vom Tag ihrer Geburt bis zum Tag ihres Todes, dann ihrer Wiederauferstehung, diese Erde existiert in Form von Milliarden von Kopien, für jede Sekunde ihrer Lebensdauer. Es ist ihr Schicksal als *Wiederholung* einer *ursprünglichen* Kombination und alle *Wiederholungen* der anderen *Typen* teilen dieses Schicksal.

Die Ankündigung eines Duplikats unserer irdischen Heimstätte mit all ihren Gästen ohne Unterscheidung, vom Sandkorn bis zum Kaiser Deutschlands, kann als eine leicht phantastische Kühnheit erscheinen, besonders wenn es sich um milliardenfach angefertigte Duplikate handelt. Der Autor hält diese Gründe selbstverständlich für ausgezeichnet, denn er hat sie schon fünf oder sechs Mal aufgelegt, ohne Schaden für die Zukunft. Es scheint ihm schwierig, dass die Natur, welche die gleiche Arbeit mit den gleichen Materialien und am gleichen

Dienstherr ausführt, nicht gezwungen ist, ihren Abguss in die gleiche Form zu giessen. Man müsste eher über das Gegenteil erstaunt sein.

Was die Anzahl Exemplare betrifft, muss man sich in Anbetracht der Unendlichkeit nicht genieren, denn sie ist reich. Wie unersättlich wir auch immer sein mögen, sie besitzt mehr als alle Nachfragen, mehr als alle Träume. Dieser Schwall an *Abzügen* ergiesst sich übrigens nicht als Schauer über einen Ort. Er wird in alle erdenkliche Richtungen verweht. Es bedeutet uns kaum etwas, dass unsere Doppelgänger unsere Nachbarn sind. Wären sie auch auf dem Mond, die Konversation wäre nicht minder schwierig, Bekanntschaft schliessen nicht leichter. Es ist sogar schmeichelhaft, zu wissen, dass man dort ist, weit weg, weiter weg als das Ende der Welt, wo man in Hausschuhen die Zeitung liest oder der Schlacht von Valmy beiwohnt, die im Moment in Tausenden französischer Republiken gefochten wird.

Denkt ihr, dass am anderen Ende der Unendlichkeit, auf irgendeiner mitfühlenden Erde, der zu spät in Königgrätz eintreffende durchlauchtige Prinz dem unglücklichen Benedek zum Sieg verhelfen konnte? Aber hier Pompeius, der gerade die Schlacht von Pharsalos verloren hat. Armer Mann! Er bricht auf, um in Alexandria Trost zu suchen, bei seinem guten Freund, dem König Ptolemäus. Cäsar wird sich köstlich amüsieren. Nun. Er ist gerade dabei, mitten im Senat seine 22 Dolchstiche zu erhalten. Tja, das ist seine tägliche Dosis seit dem Nichtbeginn der Welt und er steckt sie mit einer unerschütterlichen Philosophie ein. Es ist wahr, dass die Doppelgänger ihn nicht alarmieren. Das ist gerade das Schreckliche! Man kann sich nicht warnen. Wäre es erlaubt, den Doppelgängern, die man im Weltraum besitzt, mit einigen guten Ratschlägen die Geschichte seines

Lebens erleben zu lassen, würde man ihnen viele Albernheiten und Betrübnisse ersparen…

Trotz dem Scherz ist dies im Grunde sehr ernst. Es handelt sich weder um Antilöwen, Antitiger, noch um Augen am Ende des Schwanzes; es handelt sich um Mathematik und positive Fakten. Ich fordere die Natur heraus, nicht den ganzen lieben Tag lang, seit die Welt Welt ist, Milliarden von Sonnensystemen herzustellen, die servile Nachahmungen unseres sind, sowohl materiell als auch persönlich. Ich erlaube ihr, die Berechnung der Wahrscheinlichkeiten auszuschöpfen, ohne eine einzige auszulassen. Sobald sie am Ende ihrer Kraft ist, treibe ich ihr die Unendlichkeit zu und fordere sie auf, ihre Arbeit zu erledigen, d.h. endlos Duplikate herzustellen. Ich hüte mich davor, als Motiv die Schönheit der Muster anzuführen, von denen es sehr schade wäre, würden sie nicht reichlich vervielfacht. Es scheint mir hingegen ungesund und barbarisch, den Weltraum mit einem Haufen übelriechender Länder zu vergiften.

Das sind übrigens nutzlose Beobachtungen. Die Natur kennt die handelnde Moral nicht und praktiziert sie auch nicht. Was sie tut, tut sie nicht absichtlich. Sie arbeitet als blinde Kuh, vernichtet, erschafft, verwandelt. Der Rest betrifft sie nicht. Mit geschlossenen Augen wendet sie die Berechnung der Wahrscheinlichkeiten besser an, als sie alle Mathematiker mit sehr offenen Augen erklären können. Sie weicht keiner Variante aus, sie lässt keine Möglichkeit unten in der Kiste liegen. Sie zieht alle Nummern. Wenn nichts mehr übrig ist im Sack, öffnet sie die Kiste der Wiederholungen, die ebenfalls ein Fass ohne Boden ist, das sich niemals leert, im Gegensatz zum Fass der Danaiden, das nicht gefüllt werden konnte.

So geht die Materie vor seit sie Materie ist, seither ist schon viel Zeit ins Land gezogen. Sie arbeitet mit einem einheitlichen Plan, mit hundert *einfachen Körpern*, die weder je um ein Atom schrumpfen, noch anwachsen, sie kann nur endlos eine gewisse Menge *verschiedener* Kombinationen wiederholen, die man in dieser Eigenschaft als *wesentlich*, *ursprünglich* usw. bezeichnet. Auf dieser Baustelle entstehen nur Sternsysteme.

Aufgrund der Tatsache selbst, dass es existiert, hat jedes Gestirn immer existiert, wird immer existieren, nicht in Form seiner aktuellen, temporären und vergänglichen Persönlichkeit, sondern in Form einer unendlichen Reihe an ähnlichen Persönlichkeiten, die sich durch die Jahrhunderte hindurch reproduzieren. Es gehört zu einer der ursprünglichen Kombinationen, die durch die verschiedenen Anordnungen der hundert *einfachen Körper* erlaubt sind. Identisch mit seinen vorhergehenden Inkarnationen, in die gleichen Bedingungen gesetzt, lebt es und wird genau das gleiche Leben in seiner Gesamtheit und seinen Details leben wie während seiner vorhergehenden Wandlungen.

Alle Gestirne sind Wiederholungen einer *ursprünglichen* Kombination oder eines *Typen*. Es können sich keine neuen *Typen* bilden. Ihre Anzahl ist notwendigerweise vom Ursprung der Dinge an aufgebraucht, obwohl die Dinge keinen Ursprung gehabt haben. Das bedeutet, dass eine feste Anzahl *ursprünglicher* Kombinationen für alle Ewigkeit existiert und dass diese Anzahl sich genau wie die Materie nie ändert. Sie ist gleich und wird es bleiben bis zum Ende der Dinge, die weder ein Ende, noch einen Anfang haben können. Die Ewigkeit der aktuellen *Typen*, in der Vergangenheit genau wie in der Zukunft, und nicht ein einziges Gestirn ist ein unendlich im Raum und in der Zeit wiederholter *Typus*, das ist die Realität.

Unsere Erde ist genau wie alle anderen Himmelskörper die *Wiederholung* einer *wesentlichen* Kombination, die sich immer als gleiche reproduziert und simultan in Milliarden identischer Exemplare existiert. Jedes Exemplar wird seinerseits geboren, lebt und stirbt. Milliarden davon werden in jeder vergehenden Sekunde geboren, Milliarden davon sterben. Auf jedem von ihnen folgen alle materiellen Dinge aufeinander, alle organisierten Wesen, in der gleichen Reihenfolge, am gleichen Ort, zur gleichen Minute wie sie auf den anderen Erden, ihren Doppelgängerinnen aufeinanderfolgen. Daraus geht hervor, dass alle vollendeten oder zu vollendenden Tatsachen auf unserem Planeten vor seinem Tod sich auf die gleiche Art und Weise auf den Milliarden seinesgleichen vollenden. Und da es für alle Sternsysteme so ist, ist das ganze Universum die permanente, endlose Reproduktion eines immer erneuerten und immer gleichen Materials und Personals.

Erfordert die Gleichheit zweier Planeten die Gleichheit ihrer Sonnensysteme? Es kann mit Sicherheit gesagt werden, dass jene der Sonnen eine absolute Notwendigkeit ist, die geringste Änderung in den Existenzbedingungen würde für die beiden Gestirne trotz ihrer, übrigens kaum wahrscheinlichen, ursprünglichen Gleichheit verschiedene Schicksale nach sich ziehen. Doch ist die komplette Ähnlichkeit in den beiden Sterngruppen auch zwischen allen sich in ihrer Anordnungszahl entsprechenden Planeten obligat? Braucht es den doppelten Merkur, den doppelten Mars, den doppelten Neptun usw.? Dieses Problem ist aufgrund mangelnder Daten unlösbar.

Diese Körper müssen wahrscheinlich ihren gegenseitigen Einfluss hinnehmen und die Abwesenheit Jupiters beispielsweise, oder seine Schrumpfung auf ein Zehntel seiner Grösse, wäre für seine Nachbarn eine fühlbare Ursache der Modifikation.

Die Entfernung schwächt diese Ursachen allerdings ab und kann sie gar aufheben. Zudem herrscht die Sonne als Licht und als Wärme alleine und wenn man denkt, dass sich ihre Masse zu jenem ihres Planetengefolges wie 744 zu 1 verhält, so scheint es, dass diese enorme Anziehungskraft alle Rivalität auslöschen muss. Dem ist jedoch nicht so. Die Planeten haben auf die Erde eine erwiesene Einwirkung.

Die Frage ist übrigens ziemlich belanglos und betrifft unsere These nicht. Falls es möglich ist, dass die Gleichheit zwischen zwei Erden existiert, ohne sich auch unter den anderen entsprechenden Planeten zu reproduzieren, so ist das auf Anhieb vollbracht, denn die Natur verpasst keine Kombination. Im gegenteiligen Fall spielt es keine Rolle. Es ist gegeben, dass Doppelgängererden als unerlässliche Bedingung Doppelgängersonnensysteme erfordern. Daraus resultieren schlicht und einfach als Konsequenz Millionen von Sterngruppen, wo unser Planet statt Doppelgänger Zwillinge verschiedenen Grades besitzt, *ursprüngliche* Kombinationen, die unendlich wiederholt werden, sowie alle anderen.

Absolut identische Sonnensysteme, die in unendlicher Anzahl existieren, befriedigen übrigens problemlos das obligate Programm. Sie stellen einen *ursprünglichen Typus* dar. Dort offerieren alle bezüglich der Staffelung entsprechenden Planeten die untadeligste Gleichheit. Merkur ist dort der Doppelgänger von Merkur, Venus von Venus, die Erde der Erde usw. Diese Systeme sind milliardenfach im Weltraum verbreitet, als *Wiederholungen* eines *Typen*.

Gibt es unter den *differenzierten* Kombinationen solche, deren Unterschiede auf zuerst zum Zeitpunkt ihrer Geburt gleichen Planeten auftreten? Man muss unterscheiden. Diese

Mutationen sind kaum als spontane Werke der Materie selbst zugelassen. Die Anfangsminute eines Gestirns bestimmt die ganze Reihe seiner materiellen Transformationen. Die Natur hat nur unbiegsame und unveränderliche Gesetze. Solange sie alleine herrschen, folgt alles einem festen und fatalen Gang. Doch die Variationen beginnen mit den lebendigen Wesen, die Bedürfnisse, anders gesagt Mucken haben. Allen voran sobald die Menschen intervenieren, interveniert die Phantasie mit ihnen. Nicht dass sie dem Planeten viel anhaben könnten. Ihre riesigsten Bemühungen rühren einen Maulwurfshügel nicht auf, was sie nicht daran hindert, als Eroberer zu posieren und vor ihrem Genie und ihrer Macht in Ekstase zu verfallen. Die Materie hat die Arbeit dieser fleissigen Bienen alsobald weggewischt, sobald sie aufhören, sie dagegen zu verteidigen. Sucht diese berühmten Städte, Ninive, Babylon, Theben, Memphis, Persepolis, Palmyra, wo es von Millionen von Bewohnern mit ihrer fiebrigen Tätigkeit wimmelte. Was ist davon übrig? Nicht einmal die Trümmer. Gras oder Sand bedeckt ihre Grabstätten. Wenn die menschlichen Werke auch nur einen Moment vernachlässigt werden, beginnt die Natur, sie in aller Ruhe zu zerstören, und wenn wir uns verspäten, findet man sie in aller Blütenpracht zurück auf ihren Trümmern.

Wenn die Menschen auch die Materie kaum stören, so stören sie sich hingegen häufig selbst. Ihre Turbulenz bringt den natürlichen Gang der physikalischen Phänomene nie ernsthaft durcheinander, die Menschheit allerdings schon. Man muss also diesen subversiven Einfluss einplanen, der den Lauf individueller Schicksale ändert, tierische Rassen zerstört oder modifiziert, Nationen zerreisst und Reiche stürzt. Diese Brutalitäten werden freilich vollbracht, ohne der Oberhaut der Erde auch nur einen Kratzer zu versetzen. Das Verschwinden der Störenfriede würde nicht die geringste Spur ihrer sogenannt souveränen Präsenz hinterlassen und genügen, um der Natur ihre kaum gestreifte Jungfräulichkeit zurückzugeben.

Die Menschen fordern Opfer unter ihresgleichen und führen enorme Veränderungen herbei. Der Hauch von Leidenschaften und sich bekämpfenden Interessen versetzt ihre Art heftiger in Unruhe als die Bestrebung des Sturms den Ozean. Welche Unterschiede zwischen den Läufen der Menschheiten, die allerdings ihre Karrieren aufgrund der Gleichheit der materiellen Bedingungen ihrer Planeten mit dem gleichen Personal begonnen haben! Wenn man die Mobilität der Individuen, die tausend sie ständig auf Abwege bringenden Wirrnisse betrachtet, erreicht man leicht Sextillionen von Sextillionen von Varianten in der menschlichen Art. Aber eine einzige *ursprüngliche* Kombination der Materie, jene unseres Planetensystems, bringt durch *Wiederholungen* Milliarden von Erden hervor, die den Sextillionen von Menschheiten aus den menschlichen Wallungen entstehende Doppelgänger gewährleisten. Das erste Jahr des Weges wird nur zehn Varianten ergeben, das zweite zehntausend, das dritte Millionen und so fort, mit einem zum Fortschritt im Verhältnis stehenden Crescendo, ein Fortschritt, der sich, wie man weiss, durch aussergewöhnliche Verfahren manifestiert.

Diese verschiedenen menschlichen Gemeinschaften haben nur eine Sache gemeinsam, ihre Lebensdauer, denn da sie auf *Kopien* des gleichen *ursprünglichen Typus* entstanden sind, beschreibt jede ihr Exemplar auf ihre Art und Weise. Die Anzahl dieser besonderen Geschichten, so gross sie auch sein mag, bleibt stets eine *endliche* Zahl, und wir wissen, dass die *wesentliche* Kombination durch *Wiederholungen* unendlich ist. Jede dieser besonderen Geschichten repräsentiert eine gleiche Gemeinschaft, existiert mit Milliarden gleicher *Abzüge* und jedes

Individuum, das fester Bestandteil dieser Kollektivität ist, besitzt folglich Milliarden von Doppelgängern. Man weiss, dass jeder Mensch aufgrund von Änderungen im von seinen Doppelgängern auf den jeweiligen Erden gefolgten Weg gleichzeitig in mehreren Varianten erscheinen kann, diese Änderungen teilen das Leben, ohne die Persönlichkeit zu berühren.

Fassen wir zusammen: Die Materie, die gezwungen ist, nur Nebelflecken zu bilden, die später in Stern- und Planetengruppen verwandelt werden, kann trotz ihrer Fruchtbarkeit eine gewisse Anzahl *besonderer* Kombinationen nicht überschreiten. Jeder dieser *Typen* ist ein Sternsystem, das sich endlos wiederholt, was das einzige Mittel ist, um sich um die Bevölkerung der Weite zu kümmern. Unsere Sonne mit ihrem Planetengefolge ist eine der *ursprünglichen* Kombinationen, die wie alle anderen in Milliarden Abzügen gefertigt wird. Jeder dieser Abzüge enthält natürlicherweise eine Erde, die unserer identisch ist, eine Doppelgängererde bezüglich ihrer materiellen Beschaffenheit, und sie erzeugt daraufhin die gleichen Pflanzen- und Tierarten wie auf der Erdoberfläche.

Alle Menschheiten, die zur Zeit ihrer Entstehung identisch waren, folgen jede auf ihrem Planeten den von den Leidenschaften vorgezeichneten Weg und die Individuen tragen zur Änderung dieses Weges durch ihren besonderen Einfluss bei. Daraus resultiert, dass die Menschheit, trotz ihrer konstanten Gleichheit zu ihrem Beginn, nicht über das gleiche Personal auf allen ähnlichen Planeten verfügt und dass jeder derselben gewissermassen ihre besondere Menschheit hat, die aus der gleichen Quelle entstanden ist und vom gleichen Ausgangspunkt wie die anderen begonnen hat, jedoch durch tausend Pfade vom Weg abgekommen ist, um schliesslich in ein anderes Leben und in eine andere Geschichte zu münden.

Doch die beschränkte Anzahl Bewohner jeder Erde erlaubt es diesen Varianten der Menschheit nicht, eine gewisse Menge zu überschreiten. So fabelhaft sie also auch sein mag, ist die Menge dieser *besonderen* menschlichen Gemeinschaften *endlich*. Sie ist somit unbedeutend, verglichen mit der unendlichen Menge an identischen Erden als Sphären der *typischen* Sonnenkombination, die alle ursprünglich gleiche entstehende Menschheiten besassen, obwohl sie danach unablässig verändert worden sind. Daraus folgt, dass jede Erde, die eine der *besonderen* menschlichen Gemeinschaften als Resultat unaufhörlicher Veränderungen enthält, sich Milliarden Male wiederholen muss, um sich den Notwendigkeiten der Unendlichkeit zu stellen. Was Milliarden von Erden bedeutet, die sich die eine der anderen persönlich und materiell absolut gleichen, wo sich nicht ein Strohhalm, sei es zeitlich oder räumlich, weder um eine Tausendstel Sekunde, noch um einen Spinnenfaden voneinander unterscheiden. Für die irdischen Varianten oder die menschlichen Gemeinschaften gilt das gleiche wie für die *ursprünglichen* Sternsysteme. Ihre Anzahl ist beschränkt, weil sie eine beschränkte Anzahl an Elementen zur Verfügung haben, die Menschen einer Erde, genau wie die *ursprünglichen* Sternsysteme über eine *endliche* Anzahl an Elementen verfügen, die hundert *einfachen Körper*. Doch jede Variante fertigt Milliarden von Abzügen.

Das ist das gemeinsame Los unserer Planeten, es wird sowohl von Merkur, Venus, der Erde usw., als auch von allen Planeten aller *ursprünglichen* oder *typischen* Sternsysteme geteilt. Fügen wir an, dass von diesen Systemen Millionen unserem gleichen, ohne Duplikate davon zu sein, und sie zahllose Erden zählen, die zwar nicht mit jener, wo wir leben, identisch sind, mit ihr jedoch alle möglichen Grade an Ähnlichkeit oder Analogie gemeinsam haben.

All diese Systeme, all diese Varianten und ihre *Wiederholungen* formen zahllose Reihen von partiellen Unendlichkeiten, die in die grosse Unendlichkeit strömen, wie die Flüsse in den Ozean. Auf dass man nicht gegen diese milliardenfach aus den Federn fallenden Planeten laut aufschreien möge. Es soll hier nicht gesagt werden: Wo findet man Platz für so viele Welten? Sondern wo findet man Welten für so viel Platz? Man kann der Unendlichkeit so viele Milliarden anfügen, wie einem beliebt, sie wird immer ihren Rest verlangen.

Die Doktrinen, die manchmal zum Lachen, manchmal auch zum Weinen sind, werden vielleicht unsere partiellen Unendlichkeiten verspotten, indem sie uns gratulieren, dass wir aus einer falschen Münze so viel Geld machen. Wenn der Weite eine alleinige Unendlichkeit abgesprochen wird, scheint das Verfahren ungehemmt, ihr Millionen davon beizufügen. Nichts ist allerdings einfacher. Da die Weite grenzenlos ist, kann man ihre alle Figuren zuschreiben, eben genau, weil sie keine hat. Soeben noch Sphäre, schon ist sie jetzt Zylinder.

Man nehme einen zylinderförmigen Holzklotz, der von neun Sägeschnitten senkrecht zu seiner Achse in zehn Bretter geteilt wird. Man weite in Gedanken den kreisförmigen Umfang jeder dieser Bretter ins Unendliche aus. Man entferne sie auch in Gedanken einige Quadrillionen von Quadrillionen Meilen voneinander. Man hat nun zehn zwar ein wenig magere, doch einwandfreie partielle Unendlichkeiten. Alle aus unseren Berechnungen hervorgehenden Gestirne hätten mit Leichtigkeit in jedem dieser Abteile Platz, ihre jeweiligen Sphären eingeschlossen. Zudem hindert uns nichts daran, weitere aneinanderzureihen, und somit Unendlichkeit nach Belieben hinzuzufügen.

Natürlich bleiben diese Gestirne nicht gemäss Gleichheiten in Kategorien eingepfercht. Die erneuernden Umstürze vereinigen und vermischen sie unaufhörlich. Ein Sonnensystem ersteht nicht aus seiner eigenen Verbrennung wieder auf wie der Phönix, letzere trägt hingegen dazu bei, verschiedene Kombinationen zu formen. Es rächt sich woanders, durch andere Verflüchtigungen wiedergeboren. Da die Materialien überall die gleichen sind, hundert *einfache Körper*, und die Unendlichkeit gegeben ist, verteilen sich die Wahrscheinlichkeiten gleichmässig. Das Resultat ist die invariable Permanenz des Ganzen durch die ewige Transformation der Teile.

Wenn die auf der *Unbestimmtheit* reitende Schikane einen Streit um des Kaisers Bart lostreten will, um uns zu zwingen, die *Unendlichkeit* zu verstehen und sie ihr zu erklären, schicken wir sie zu den Titanen, die gewiss mit einem grösseren Hirn versehen sind. Nein, wir können nicht über die Unbestimmtheit hinausgehen. Das ist bekannt und wir versuchen nur, in dieser Gestalt die *Unendlichkeit* zu konzipieren. Man fügt dem Raum Raum hinzu und das Denken kommt problemlos zu dieser Schlussfolgerung, dass er grenzenlos ist. Gewiss, würde man während Myriaden von Jahrhunderten addieren, wäre die Summe immer eine *endliche Zahl*. Was beweist das? Allen voran die *Unendlichkeit* durch die Unmöglichkeit, sie zu erreichen, ausserdem die Schwäche unseres Gehirns.

Ja, nachdem wir Zahlen ausgestreut haben, die Lachen und Schulterzucken ausgelöst haben, bleiben wir nach den ersten Schritten auf dem Weg Richtung Unendlichkeit atemlos. Sie ist allerdings genauso klar wie undurchdringlich und kann wunderbar in einigen Worten dargetan werden: Der Raum voller Himmelskörper, immer, ohne Ende. Das ist, obwohl unbegreiflich, ganz einfach.

Unsere Analyse des Universums hat vor allem die Planeten inszeniert, die einzige Bühne organischen Lebens. Die Sterne sind im Hintergrund geblieben. Weil man bei ihnen keine sich verändernden Formen oder Metamorphosen findet. Nichts als der Tumult des kolossalen Brandes, Quelle der Wärme und des Lichts, dann ihr allmählicher Rückgang und schliesslich zu Eis erstarrte Dunkelheit. Der Stern ist nichtsdestominder die Lebensstätte der durch die Kondensation der Nebelflecken geschaffenen Gruppen. Er ist es, der sortiert und jenes System reguliert, wovon er den Mittelpunkt bildet. In jeder *Typenkombination* ist er verschieden gross und bewegt sich anders. Er bleibt unveränderlich für alle Wiederholungen dieses *Typen*, jene Planetenvarianten eingeschlossen, welche die Menschheit betreffen.

In Tat und Wahrheit darf man sich nicht vorstellen, dass die Reproduktionen den schönen Augen der sie bewohnenden Doppelgänger gewidmet sind. Jenes Vorurteil des Egoismus und der Bildung, welches alles auf uns bezieht, ist eine Torheit. Die Natur kümmert sich nicht um uns. Sie fabriziert Sterngruppen im Rahmen der ihr zur Verfügung stehenden Materialien. Die einen sind *Originale*, die anderen milliardenfach aufgelegte Duplikate, d.h. Duplikate von den chronologisch ersten, aber von verschiedenen *Typen*, hinter welchen sich die Sternsysteme aufstellen.

Ob diese Planetengruppen Menschen hervorbringen oder nicht, ist keine Sorge der Natur, sie hat überhaupt keine Sorgen, sie erledigt ihre Arbeit, ohne sich über deren Konsequenzen zu beunruhigen. Sie wendet 998 Tausendstel der Materie auf Sterne an, wo weder ein Grashalm noch eine Mehlmilbe wachsen, und der Rest, «zwei Tausendstel!», auf die Planeten, wovon die Hälfte oder mehr sich der Verpflichtung entbinden,

Zweibeiner unseres Moduls zu beherbergen und zu ernähren. Alles in allem macht sie jedoch ihre Arbeit ziemlich gut. Man braucht nicht zu murmeln. Wäre sie bescheidener, hätte die uns erleuchtende und wärmende Lampe uns schon lange der ewigen Nacht übergeben oder wir wären vielmehr nie ins Licht eingetreten.

Einzig und allein die Sterne dürften sich beschweren, doch sie beschweren sich nicht. Arme Sterne! Ihre Glanzrolle ist nicht mehr als eine Opferrolle. Als Erzeuger und Diener der schöpferischen Macht der Planeten besitzen sie sie selbst nicht und müssen sich mit ihrer undankbaren und monotonen Laufbahn als Fackeln begnügen. Sie haben den Glanz ohne den Genuss; die lebendigen Wirklichkeiten verstecken sich unsichtbar hinter ihnen. Diese Sklavenkönige sind jedoch aus dem gleichen Holz geschnitzt wie ihre glücklichen Untertanen. Die hundert *einfachen Körper* bezahlen hierfür die Rechnung. Aber sie werden die Fruchtbarkeit nur wiederfinden, indem sie die Grösse berauben. Heute blendende Flammen werden sie eines Tages Dunkelheit und Eis sein und werden nur als Planeten ins Leben wiedergeboren werden können, nach dem Zusammenstoss, welcher das Gefolge und ihren König in einen Nebelfleck verflüchtigen lässt.

Während sie auf das Glück dieser Verwirkung warten, regieren die sich ihrer Rolle unbewussten Herrscher ihre Königreiche durch Gefälligkeiten. Sie machen die Saat, doch nie die Ernte. Sie haben alle Verpflichtungen, ohne Vorrechte. Sie beherrschen alleine die Kraft, benutzen sie jedoch nur zum Nutzen der Schwäche… Liebe Sterne! Ihr findet wenig Nachahmer.

Schliessen wir also auf die Immanenz der geringsten Parzellen der Materie. Obwohl ihre Dauer nur eine Sekunde beträgt, hat ihre Wiedergeburt keine Grenzen. Die Unendlichkeit in Zeit und Raum ist nicht ein exklusives Vorrecht des gesamten Universums. Alle Formen der Materie kommen in seinen Genuss, sogar das Infusorium und das Sandkorn.

Somit besitzt jeder Mensch durch den Gnadenerlass seines Planeten in der Weite eine unendliche Anzahl an Doubles, die sein Leben leben, genau so wie er es selbst lebt. Er ist unendlich und ewig in der Person von anderen als er selbst, nicht nur in seinem gegenwärtigen Alter, sondern in allen *seinen Altern*. Er hat gleichzeitig in jeder vergehenden Sekunde milliardenfach Doppelgänger, die geboren werden, andere, die sterben, andere, deren Alter sich von Sekunde zu Sekunde von seiner Geburt bis zu seinem Tod erstreckt.

Wenn jemand die himmlischen Regionen befragt, um ihr Geheimnis zu erfahren, blicken Milliarden von Doppelgängern mit der gleichen Frage im Kopf gleichzeitig auf und all diese Blicke kreuzen sich unsichtbar. Und diese stummen Befragungen durchqueren nicht nur einmal den Raum, sondern immer. Jede Sekunde der Ewigkeit hat die heutige Situation gesehen und wird sie sehen, d.h. Milliarden von Erden, die Doppelgängerinnen der unsrigen sind und unsere persönlichen Doppelgänger enthalten.

So hat jeder von uns in Form von Milliarden von Alter Ego gelebt, lebt und wird ohne Ende leben. So wie man in jeder Sekunde seines Lebens ist, ist man stereotyp mit Milliarden von Abzügen in der Ewigkeit. Wir teilen das Los der uns nährenden Planeten, innerhalb welchen diese unerschöpfliche Existenz vollbracht wird. Die Sternsysteme reissen uns in ihrem Fortbestand mit. Als einzige Organisation der Materie haben sie sowohl ihre Unveränderlichkeit als auch ihre Beweglichkeit.

Jedes von ihnen ist nur ein Blitzstrahl, doch diese Blitzstrahlen beleuchten den Raum auf immer und ewig.

Das Universum ist unendlich in seiner Gesamtheit und in jedem seiner Teile, seien diese Stern oder Staubkorn. So ist es in der gegenwärtigen Minute, so war es, so wird es immer sein, ohne auch nur um ein Atom oder um eine Sekunde zu variieren. Es ist alles schon mal dagewesen. Alles, was gemacht wird, ist gemacht worden und wird gemacht werden. Und dennoch ist das zwar gleiche Universum von vorher nicht mehr jenes von jetzt und jenes von jetzt wird genauso wenig jenes von nachher sein; denn es bleibt nicht unveränderlich und bewegungslos. Ganz im Gegenteil, es ist in stetem Wandel. All seine Teile sind stets in Bewegung. Wenn sie hier zerstört werden, reproduzieren sie sich gleichzeitig woanders als neue Individualitäten.

Die Sternsysteme enden, dann beginnen sie wieder mit ähnlichen Elementen, die sich anders zusammenfügen, eine unermüdliche Reproduktion gleicher Exemplare, die verschiedenen Trümmern entnommen worden sind. Es ist ein Wechselspiel, ein immerwährender Austausch von Wiedergeburten durch Transformation.

Das Universum ist sowohl Leben als auch Tod, Zerstörung und Schöpfung, Veränderung und Beständigkeit, Tumult und Ruhe. Es ver- und entknotet sich ohne Ende, immer das gleiche, mit stets erneuerten Wesen. Trotz seinem immerwährenden Werden wird es im Bronzedruck stereotypiert und druckt stets die gleiche Seite. Die Gesamtheit und die Details, es ist auf immer und ewig Veränderung und Immanenz.

Der Mensch ist eines dieser Details. Er teilt die Beweglichkeit und die Fortdauer des grossen Ganzen. Es gibt kein menschliches Wesen, das nicht auf Milliarden von seit langer Zeit in den erneuernden Schmelztiegel eingetretenen Planeten vorkommt. Man würde vergebens das Wildwasser der Jahrhunderte hinaufschwimmen, um einen Moment zu finden, wo wir nicht gelebt haben. Denn das Universum hat keinen Anfang, der Mensch folglich auch nicht. Es wäre unmöglich, bis zu einer Epoche zurückzulaufen, wo nicht alle Gestirne schon einmal zerstört und ersetzt worden wären, wir als Bewohner dieser Gestirne somit ebenfalls; und niemals in ferner oder naher Zukunft wird ein Moment vergehen, ohne dass Milliarden von anderen Exemplaren von uns selbst dabei wären, geboren zu werden, zu leben und zu sterben. Der Mensch ist, genau wie das Universum, das Rätsel der Unendlichkeit und der Ewigkeit, und das Sandkorn ist es genau wie der Mensch.

VIII. Zusammenfassung

Das gesamte Universum besteht aus Sternsystemen. Zu ihrer Erschaffung stehen der Natur nur hundert *einfache Körper* zur Verfügung. Trotz der aussergewöhnlichen Anzahl an Lösungen, die sie diesen Rohstoffen zu entziehen vermag, und der unberechenbaren Anzahl an Kombinationen, welche sie ihrer Fruchtbarkeit erlauben, ist das Resultat notwendigerweise eine *endliche* Anzahl, genau wie jene der Elemente selbst, und um die Weite zu füllen, muss die Natur jede dieser *ursprünglichen* oder *typischen* Kombinationen unendlich wiederholen.
Jedes Gestirn unabhängig von seiner Beschaffenheit existiert also in unendlicher Anzahl in Raum und Zeit, nicht nur als

einer seiner Aspekte, sondern so, wie es in jeder Sekunde seiner Lebensdauer ist, von seiner Geburt bis zu seinem Tod. Alle Wesen, die seine Oberfläche bevölkern, ob gross oder klein, ob lebendig oder leblos, kommen ebenfalls in den Genuss dieses Vorrechts.

Die Erde ist eines dieser Gestirne. Jedes menschliche Wesen ist also ewig in jeder Sekunde seines Daseins. Was ich im Moment in einem Kerker des *Fort du Taureau* schreibe, das habe ich geschrieben und werde es ewig schreiben, an einem Tisch, mit einer Feder, bekleidet, unter ganz ähnlichen Umständen. Das gleiche gilt für jeden von uns.

All diese Erden nutzen sich eine nach der anderen in erneuernden Flammen ab, um darin wiedergeboren zu werden und wieder dorthin zurückzufallen, gleich dem Ablaufen einer Sanduhr, die sich auf immer und ewig selbst umdreht und leert. Es ist stets neues Altes und stets altes Neues.

Werden allerdings jene, welche sich für das Leben jenseits der Erde interessieren, über eine mathematische Schlussfolgerung lachen, die ihnen nicht nur die Unsterblichkeit, sondern die Ewigkeit zugesteht? Die Anzahl unserer Doppelgänger in Raum und Zeit ist unendlich. Mit Verstand kann man kaum mehr verlangen. Diese Doppelgänger sind aus Fleisch und Blut, sie tragen gar Hosen und Paletots, Krinolinen und Dutte. Sie sind keine Phantome, sondern verewigte Aktualität.

Es gibt dennoch einen grossen Mangel: Es hat keinen Platz für den Fortschritt. Ach! Nein, es sind gemeine Neuauflagen, unnötige Wiederholungen. So wie die Beispiele der vergangenen Welten, so jene der künftigen. Einzig das Kapitel der Abzweigungen bietet Raum für Hoffnung. Vergessen wir nicht, dass *wir alles, was wir hier auf Erden hätten gewesen sein können, irgendwo anders sind.*

Der Fortschritt ist nur für unsere Neffen hier auf Erden. Sie haben mehr Glück als wir. Unsere Nachfahren haben all die schönen Dinge, welche unser Planet sehen wird, schon gesehen, sehen sie im Moment und werden sie immer sehen, wohlverstanden in Form von Doppelgängern, die ihnen vorangegangen sind und auf sie folgen werden. Als Kinder einer besseren Menschheit haben sie uns schon auf den toten Erden verspottet und mit Hohngelächtern empfangen, indem sie nach uns dort waren. Sie werden uns weiterhin auf jenen lebenden Erden geisseln, von welchen wir längst verschwunden sind, und für alle Ewigkeit mit ihrer Verachtung auf den kommenden Erden verfolgen.

Sie und wir, und alle Gäste unseres Planeten, werden als Gefangene des Zeitpunkts und des Orts wiedergeboren, welche uns das Schicksal in der Reihe seiner Wandlungen zugewiesen hat. Unser Fortbestand ist ein Anhang des seinigen. Wir sind nur partielle Phänomene seiner Wiederauferstehungen. Als Menschen des 19. Jahrhunderts ist die Stunde unserer Erscheinungen für immer und ewig bestimmt und sie wird uns immer die gleichen zurückbringen, allenfalls mit der Perspektive glücklicher Varianten. Nichts da, um den Durst nach Besserem zu befriedigen. Was können wir dagegen tun? Ich habe nicht mein Vergnügen gesucht, sondern die Wahrheit. Es gibt hier keine Offenbarung, keinen Propheten, nur eine einfache Ableitung von der Spektralanalyse und der Kosmogonie von Laplace. Diese beide Entdeckungen machen uns ewig. Ist das ein Glücksfall? Profitieren wir davon. Ist es eine Täuschung? Finden wir uns damit ab.

Doch ist es nicht ein Trost, konstant zu wissen, dass man auf Milliarden von Erden in Begleitung von geliebten Personen ist, die heute für uns nur noch eine Erinnerung sind? Und ist es hingegen ein weiterer Trost, zu denken, dass man dieses Glück ewig hat und haben wird, in Form von einem Doppelgänger, von Milliarden von Doppelgängern? Das sind jedoch wir. Für viele Kleingeister sind diese Ersatzglückseligkeiten etwas zu wenig berauschend. Statt all dieser Duplikate der Unendlichkeit hätten sie lieber drei oder vier zusätzliche Jahre in der laufenden Ausgabe. In unserem Jahrhundert der Desillusionen und des Skeptizismus wollen wir uns festklammern.

Im Grunde genommen ist diese Ewigkeit des Menschen durch die Gestirne melancholisch und noch trauriger ist die Beschlagnahmung der Bruderwelten durch die unabwendbare Schranke des Raumes. So viele identische Bevölkerungen gehen vorbei, ohne dass sie mit ihrer gegenseitigen Existenz gerechnet hätten! Doch so weit, so gut. Man entdeckt sie endlich im 19. Jahrhundert. Doch wer wird daran glauben wollen?

Und dann repräsentierte die Vergangenheit für uns bis jetzt Barbarei und die Zukunft war gleichbedeutend mit Fortschritt, Wissenschaft, Glück, welch Illusion! Diese Vergangenheit hat auf all unseren Doppelgängerplaneten das spurlose Verschwinden der brillantesten Zivilisationen erlebt und sie werden weiterhin spurlos verschwinden. Die Zukunft wird auf Milliarden von Erden die Ahnungslosigkeiten, die Dummheiten, die Grausamkeiten unserer alten Zeiten erneut erleben!

Zur gegenwärtigen Stunde spielt sich das gesamte Leben unseres Planeten Tag für Tag, von der Geburt bis zum Tod, auf unzähligen Brudergestirnen ab, mit all seinen Verbrechen und all seinen Verhängnissen. Was wir Fortschritt nennen, ist auf jeder Erde eingesperrt und verschwindet mit ihr. Immer und überall in diesem irdischen Lager das gleiche Drama, die gleiche Kulisse, auf der gleichen schmalen Bühne eine lärmende Menschheit, die von ihrer Grösse überzeugt ist, sich für das Universum hält und in ihrem Gefängnis lebt, als ob es grenzenlos wäre, um mit jenem Planeten unterzugehen, welcher mit tiefster Verachtung die Bürde ihres Stolzes getragen hat. Die gleiche Monotonie, die gleiche Unbeweglichkeit auf den fremden Gestirnen. Das Universum wiederholt sich ohne Ende und verbleibt ungeduldig am gleichen Ort. Die Ewigkeit spielt unerschütterlich in der Unendlichkeit die gleichen Vorstellungen.

Novitäten
Herbst 2017

Renato Curcio
Der virtuelle Staat

Boris Sawinkow
Erinnerungen eines Terroristen

Arturo Benvenuti
KZ – Zeichnungen aus den NS-Lagern

Mila Cotlenko
Maria Nikiforova

Thomas Fatzinek
Die Schönheit der Verweigerung

Sebastian Lotzer
Begrabt mein Herz am Heinrichplatz

Jannis Mallouchos
Der Gesang der Okeaniden

Matteo Mastragostino
Primo Levi

Philipp Katsinas
Dialektik der Befreiung

Novitäten
Herbst 2017

Chiara Abastanotti
Die Shoah den Kindern erklärt

Wera Figner
Das Attentat auf den Zaren

Georg Fingerlos
Fast bis nach Äthiopien

Luis Rossell
Rupay

Lorena Canottiere
Verdad

Ryszard Dabrowski
Likwidator in der Ukraine 1920

Alexandre Elsig
Aktionsliga der Bauarbeiter

Thomas Fatzinek
Die Stärkeren

Marcelo d'Salete
Cumbe